京都大学学術出版会
生態学ライブラリー5

森の記憶

飛驒・荘川村六厩の森林史

小見山　章

図 1•1(1)　空から見た六厩調査地の落葉広葉樹林（1999 年 10 月撮影）．対照区（1ha）は，約 100 年生の森林である．ここで，20 年間にわたり，成熟した森林の調査を繰り返した．
皆伐区（0.4ha）は，1985 年に伐採を行った場所である．以後，植生の再生過程を追跡した．

図 1・1(2)　早春の六厩調査地
太陽が南中する頃合にさしかかっている．二本のクリの木はまだ開葉していないが，カエデ類やミズナラの葉は開いて，落葉広葉樹林はまさに春を迎えようとしている．（180°全天写真，撮影：加藤正吾氏）

図 1･1(3)　早春のシラカンバ林（岐阜県丹生川村）
飛驒地方では，かつての焼き畑や牧場の跡地に，シラカンバ林が再生することが多い．この写真は，乗鞍岳のスカイライン入り口にある場所で撮影した．シラカンバの新緑が，白い樹肌に映えて美しい．軍馬などを育てていた昔の久手牧場が戦後に放棄され，その後に，約 50 年生の一斉林が再生している．シラカンバは比較的短命の樹種であるから，この森林の将来には一抹の不安が感じられる．ただし今では，この森林の一部はスキー場になってしまった．（本文参照）

図 1・1(4)　錦繍の秋（荘川村六厩調査地）
葉を落とす前の一時，落葉広葉樹は森林に鮮やかな彩りを加える．樹種毎に葉色が異なり，多様な樹種で構成されるほど森林は多彩となる．

はじめに

春には山の新緑に黄金色のツブラジイの花が混じり、夏には少なくなったもののホタルが飛び交い、秋にはカエデの木が紅葉し、冬にはきちんと雪が降る。学校帰りのポケットにアマガエルを入れている子供もあれば、クワガタ取りをしたり、アマゴの川で遊ぶ子供さえいる。私が住む岐阜県の山間は、森と川が美しいところで、ここで生活する人間は本当に幸せである。

このように、人と自然が一体になって暮らせる環境が、どのような歴史のもとに形成されてきたか？美しく見える森は、将来、変わることはないか？　その美しさの陰で、自然界と人間界のバランスは、実際どうなっているか？　人と森は美しいままでいられるか？　ほうっておいても、私たちは幸せでいられるのだろうか？　これら自らの疑問に、少しでも答えたいと思い本書を書いた。

本書の舞台は、私がいままでの二〇年間に調べてきた「御岳の亜高山帯林」、「丹生川村のシラカンバ林」、「大白川谷のブナ林」、「南タイのマングローブ林」、「ランビル山の熱帯雨林」、そして中心となる「荘川村六厩《むまい》の落葉広葉樹林」である。

第一章と第二章は、少し紙面を長くとって、導入部的に森林史に関する一般論と、本書が目的とするところを述べた。岐阜県の森林、そして亜高山帯林から熱帯林まで、私が経験したことを、説明の助けとした。本書の約半分、第三章から第五章までは、私のホームグラウンド、岐阜県荘川村六厩で調べたことを書いた。第六章は、まとめの章として、二次林の将来について、自分が考えるところを述べた。

浅学がたたり、他の研究者の知見を、広くまとめることはできなかった。しかし、その代わりに、オーソドックスで、もしかすると旧式な森林生態学の物の見方ではあるが、じかに自分の眼と手足で調べた森の姿から、第一人称で、前述の疑問に対する答えを、述べようとした。

私の研究小史のようになってしまった観もあるが、本書をまとめる過程で、自らの疑問に答えるためには、自然科学からのアプローチのみならず、社会科学からのアプローチも必要であることに気がついた。考えてみれば、このような総合学として自然現象を調べる立場は、広い意味で、農学を学んだ人間の必然であるかもしれない。したがって、本書に、地域に住む人々の生活も綴ったが、それがうまく書けているか、その道の専門家でないだけに不安を感じる。

林学と生態学の専門用語を多用したが、難解と思われるものには、巻末で簡単な説明を加えた。また、内容と少し関わりのある五つの短い余談を、おまけにつけた。文中に多く発生している不明で荒い議論を、どうかお許しいただきたい。平凡な研究者が、多くの方の協力を得て、長年かけて作った科学風随筆として、本書を楽しんでいただければ、このうえない幸いである。

一九九九年一二月

小見山　章

森の記憶◎目次

森の記憶

飛驒・荘川村六厩の森林史

小見山　章

凡　例

・森林の生態学になじみの薄い方のために、巻末に用語解説を付けた。それぞれの語は、本文中の初出時に＊印を添えてある。

第一章◎森の記憶

1　森林史に学ぶ

私たちは、環境と資源問題に悩む時代に生きる。そして森林は、それらの問題と深く関わっている。かぎりなく続くと思われてきた自然が、人間の手によって回復できないぐらい大きく傷つけられようとは、数百年前の誰が予想したであろう。本来は、自然の一要素であった人間は、いつのまにか、森林の生物過程や環境過程をゆがめるまでに成長した。

自分たちが子供だった頃の記憶をもとにすると、今の森林が、以前よりよくなったという人は誰もいない。住宅・工場・道路・農地、はてはスキー場やゴルフ場までが、森林を飲み込んでいった。そのせいでもあるのか、大雨や日照りなど極端な気象や洪水が生じたり、地球規模で気温が上昇するような現象が生じている。私たちは、自分たちが変えてしまった森林を、いまさらながら、きちんと理解する必要に迫られているのである。

近代における自然科学の進歩によって、物理化学的現象に対する理解は深まり、立派な工業文明が人類にもたらされた。しかし、生物と環境が支配する森林では、現在の私たちの知識からすると、不可思議な現象がたくさん起こっている。ありのままに見える現在の森林の姿は、一時点のものでしかなく、そこには、多くの生物による長い過去の歴史が、秘められているはずだ。森林を理解したいという要求が高まる一方で、生物現象に対する現在の人間の知識不足は明らかであり、実に深刻である。

ここで、生物現象として、森林の時間的変化の仕組みを理解することが、現在の森林研究にとって重要であろう。森林が創られてきた歴史、あるいは、維持されている過程を理解することができれば、人間がどのように森林と接触していけばよいかわかるはずだ。しかしながら、森林の時間的変化、つまり、森林史をどうしたら明らかにできるかという方法論上の問題が、そもそも未解決である。この原因は、森林を形作っている樹木の特性の多様さと、それを理解しようとする私たち人間自体の能力に関係しているように思う。

北米に分布する、スギ科のセンペル・セコイアの樹高は一一一メートルもあり、ジャイアント・セコイアの胸*高直径は八・一メートルにも達する。さらに太い木もあり、アフリカのバオバブは直径が一三・七メートルという、驚くべき数値を示している。日本の秋田スギ天然林にも、最大樹高五八メートルの巨木が存在する。信頼できる年齢測定によると、アメリカ・ネバダ州のマツ科ブリッスルコーン松には、樹齢四七〇〇年のものがあるという。日本では、屋久島のスギに三〇〇〇年クラスのものがある（森林の百科事典、丸善株式会社、一九九六年）。樹木とは、私たちの想像を絶する生活型をもち、驚くべき巨大さと長命さをもつ生物ではないか。このような森林に、ちっぽけで短命な私たちは、どう立ち向かったらよいだろうか。

森林史にも、ある地域の森林相が数万年で変化するような、広域的で長期的な視点で捉えられるものから、一つの森林で、*樹木相が数百年で変化するような、局所的で短期なものまである。環境と資源問題に悩む私たちが、それらが生じた原因に迫るには、とくに後者の局所的かつ短期的な森林史、つまり最近数百年に起こった森林の変化を調べることが、非常に重要であろう。なぜならば、最近数百年間に人口は爆発的に増加し、人間の自然への影響力が、それ以前とはくらべものにならないくらい、増大したからである。

しかしながら、短期の森林史さえ、その時間は、ちっぽけで短命な人間が、関与できる長さをはるかに越えている。ほんの数十年しか活動できない人間にとって、直接、森林の大きな変化を目撃することはできないだろう。人間個人に流れる時間のなかで、「どうしてこのような状態になったのだろう？」、「将来はどうなるだろう？」という一対の疑問は、昔から私たちの頭を悩ませてきた。これが実際、人間に科学の眼を開かせたともいえるであろう。

過去に起こった事象が、そのまま単純に繰り返されるとすれば、未来の予測は難しいものではない。

物理学では、最近の量子力学を別にすれば、過去の現象の未来における再現性は、きわめて高いといってもよいのかもしれない。しかし、膨大なる多要因が関係しあう生物学的現象では、過去の事象を支えていた基本条件が、時間とともに不変であることは稀で、たいていの場合は、条件そのものにゆらぎが生じ、未来が過去の再現になることはあまりない。また、現象を支配している基本条件が、何であるかさえも、簡単にはわからない場合が多い。非常に長い時間が流れ、生命と環境に満ちあふれている森林で、未来は、一筋縄で予測できるものではない。

日本では、最近、様々な手法で森林を解析する優秀な研究者が活躍をはじめ、森林に関するデータが、集積しつつある。しかし、ほんの二〇年前までは、森林の研究といえば、ほぼ造林地の研究が行われていたのである。したがって、スギやヒノキに関する情報量は多いが、他の広葉樹や針葉樹の性質、とくに耐陰性*・成長特性・フェノロジー*・樹形などについては、依然として未知のことが多い。

このような情報不足には、研究の歴史の浅さのほかにも、樹木に関する実験を行ううえでの困難が関係している。一見すると、移動する動物にくらべて、樹木は固着性の生物であるから、科学実験が行いやすいように思える。しかし、大型の樹木を気象室に移植して、環境要因をコントロールして、長期間にわたる実験を行うことは、よほど研究環境に恵まれないと、できそうにないことは容易に想像できる。

光・温度・二酸化炭素・水・無機養分など、多くの環境条件を整え、しかも、多種の樹木と動物等の、相互作用まで考慮した室内実験を行うことは、ほとんど不可能である。したがって、森林の時間的変化、すなわち森林史を明らかにするためには、とにかく森林の中に入って、じかに樹木を観察し、それらの時間的変化を追うような、フィールド研究が必要となる。

私たちのまわりで、森林は、多様性に満ちあふれている。身近にある雑木林のコナラは、樹高一〇メートルには達するし、河川敷のヤナギ林でも、高さが数メートルはある。春と夏に行う樹木実習では、岐阜市近郊の山だけでも一〇〇種以上の樹木が、私たちの前に出現する。もっと北の方にゆくと、ブナ林や亜高山帯林*もみられる。森が開けた場所には、様々な草本植物が生えているし、葉を食うイモ虫や、種子を食べたり運んだりする鳥類などの動物もたくさん棲んでいる。また、暖冬・渇水・冷夏・大雪などの気象変動や、台風や大水が山を見舞うこともある。森林をじかに野外で観察し測定するフィールド研究では、環境要因をコントロールすることは難しいが、根気よくたくさんの場所を調べることによって、室内実験では再現できない多要因を分析することが、工夫しだいで可能となろう。

フィールド研究でも、現在では、巧妙な実験装置により、樹木の特性を調べることができる。最近の一例をあげると、熱帯雨林*の巨大高木*の頂上にある葉の光合成速度と光量の関係が、解析可能になっている（二宮生夫・荻野和彦らによる）。これには高いツリータワー（図1・2）と、携帯できる光合成測定装置が使われ、そのタワーの最上階で、小型のチャンバー内に入れられた個葉の炭酸ガス吸収速度が、人工光源のもとに測定される。このフィールド実験により、地上五〇メートル以上の高さで、かぎられた水分と高温のもとに、葉が光合成を行う過程が、解明されようとしている。

このような情報をもっと集めれば、実験的手法によっても、森林全体の動態を予測することができるかもしれない。確かに、このような微分的手法で予測された結果が、現象の予測性を、高めることはあるであろう。しかし、予測された現象が本当に現実に合うかどうかを、誰かが実際に確かめる必要がある。微分的方法とは別の視点で、一つの森林を長期間にわたり綿密に調べあげることで、起こった現象を積分的な視野から確かめることができるはずである。

図 1•2　熱帯降雨林にそびえるツリータワー
マレイシア・サラワク州ランビル国立公園にて．50m の高さがあり，鉄木でできている．テラスおよび最上階で，周辺の樹木の観察と測定を行うことができる．

生物学にとって、じかに対象を観察するということが、最も基本的で力強い方法であることを忘れてはならない。かくして私は、高度の理論を開発する精鋭の研究者に混じって、ドンくさく実際に森林が作られてゆく過程、またはその歴史を調べることにした。ちょうど、考古学でコツコツと遺跡の発掘をするように、現在の森林で、そこに生きる樹木の状態から、時間に埋もれた過去を再現する。このように、地道な方法で調べた結果がないかぎり、森林の動向を把握することはできないと私は確信している。

森林をすべて理解するためには、すべての生物たちの生活と、それから人間の歴史を知る必要がある。また、理想的には、世界中のすべての森林史が明らかになったときに、はじめて、森林とはどのようなものであるか、そのすべてを、私たちは認識することができる。しかし、それは、個人にとって不可能なことである。せめて、一つの森林の歴史でも明らかにできないか、そこでわかった事実から、将来の森林の姿を予測することはできないかという願望が、私を荘川村六厩(「むまい」と読むが、「むまや」という人もいる)の落葉広葉樹林の研究に駆りたてた(図1・1、巻頭グラビア参照)。

2 森の出来事を調べる方法

はたして、森の長期観察は可能だろうか。考えてみると、ひとりの人間の視野と行動力など、広い森の面積とくらべると、知れたものである。樹木が生活する長い年月をカバーするためには、タイムマシンでもないかぎりおぼつかない。複数の研究者が幾代にもわたって継続観察する、という手が考えられるが、調査地の確保とともに、よほど研究組織がしっかりしていないと、数百年間の継続観察はできない。また、地道な研究だけに、画期的な成果が、短期間でそうは生み出せないので、研究者にとっては、個人業績となる論文数が稼げないという、支障が生じるかもしれない。このような制約をのり越えて、いくつかの森林史について、生態学的研究のこころみがすでに行われている。二、三の例を紹介してみよう。

イギリスのC・エルトンは、大著『動物群集の様式』の中で、ワイタムの森の歴史について書いている。オックスフォード大学が、この森を一九四三年に入手して、それ以来様々な国から、多くの研究者が参加して、長期間にわたる共同研究を行ってきた。「ワイタムの森」は、イングランドの中央部の石灰岩地帯にある。草原や灌木林・ブナ林などが、いくつかの丘と湿地に成立する、ごく普通の場所である。しかし、この五・二平方キロメートルあまりの土地で確認された動物は、数千種にのぼり、イギリス全体の動物種の五分の一に当たるという。

「ワイタムの森」でエルトンは、一見秩序正しく見えるが、実は、変転きわまりない自然の様式を見いだした。群集*をどのように定義すべきか、群集内部での構成者間の相互関係はどのようであるかを、この森で考えている。個々の種の生活、あるいは数種間の関係を、実験室的に分析するのではなく、一つの森全体をカバーするような研究の方向性は、実に魅力的である。そしてエルトンは、動物群集の生息場所としての森林史について、歴史書や林学*教室の研究結果を参考にして、サクソン時代までさかのぼって、森の変遷を考察することに成功している。

一方、北アメリカ東部の広葉樹林地帯では、H・ボルマンとG・ライケンスが中心となって、落葉広葉樹二次林の長期研究を行った。ハバード・ブルックにある二次林を、六つの小さな流域に分け、自然のままに放置して、森林の種構成・生産力・養分循環・各種生態を調べる区域や、実験的に伐採を行って、その後の再生を調べる区域などを設定して、詳細な測定・分析を、一五年間にわたって繰り返している。

その結果、彼らは二次林の一〇〇年以上にわたる変化を、皆伐*してから植生が再組織されて徐々に成長し、ついに安定するまでの過程を、各種の推定を交えながら、種構成・バイオマス*・養分量・水量などについて調べている。とくに、皆伐後の森林域での水量変化を解析した研究は、森林水文学の分野でバイブル的存在になっている。森林を構成している植物体の総量であるバイオマス（現存量）

は、当然ながら、皆伐直後には急激に低下する。しかし、そのバイオマスは、植生が再組織されてから増加し、移行期をへて安定状態に到達する。また、時間の進行にともなって、日当たりを好む陽性樹種と中間樹種が、日陰に耐えて成長する耐陰性樹種と交代することを推論しており、その中でもピンチェリー(林床*に生えるサクラの一種)の研究は、一つの樹種が森林の更新に与える影響を論じた研究例として有名である。

パナマのバロコロラド島の新熱帯でも、森林の長期大面積研究が、スミソニアン熱帯研究所によって行われている。ここは、パナマ運河を作る際に、ガツン湖の人工島となった場所で、総面積が一五平方キロメートルある。この中の五〇ヘクタールの森林域で、S・P・ハベルとR・B・フォスターらは、徹底した毎木*調査を繰り返して行った。一九八三年と八四年に、五〇〇メートル幅で一キロメートルの長さの区域を、二万個の五メートル四方の小方形区に区分し、直径が一センチメートル以上の個体すべてを、調査の対象とした。この壮大な研究の成果は、世界中から高い評価を受け、「五〇ヘクタールプロット」の規格による熱帯林の調査が、世界各地で行われはじめた。

ここで、日本の研究者が、この「五〇ヘクタールプロット」規格で行っている調査地の模様を紹介しよう。マレイシア・サラワク州のランビル国立公園内にある、樹高七〇メートルにも達するような熱帯雨林地帯の混交フタバガキ林で、日本・マレーシア・アメリカなどの研究者が、共同研究を行っている。日本側では、荻野和彦・山倉拓夫両氏が中心である。私が調査隊の一員として現地を訪れたのは一九九二年のことで、すでに、第一回目の毎木調査が中程を越えた頃であった。サラワク州森林局の人々を中心にして、約二〇名の人員が、毎日、樹木を一株一株ナンバリングして、その樹木の位置と直径を測定し、樹種を判別して記録していた。

もっとも、これらの調査が行えるのは、調査地を精密な測量によって五メートル間隔に区画して、それらの位置に杭を打つという、調査地自体の地形や形状を確定する大仕事が終わってからのことである。また、本格的な調査がはじまったとしても、個々の樹木の位置を、杭の位置から測定する作業は、樹木の本数が膨大なだけに大変である。直径測定についても、板根*が発達する樹木では、ハシゴなどを使って、地上高くまで登らねばならず、たった一つの数値データを得るまでに、途方もない労力と時間を要する。樹種の種名を決める作業はさらに大変で、そもそも、標本を採取するところからがやっかいである。なぜなら、巨大な樹木では下枝といえども、とんでもない高い位置にあるからである。一枝の標本が、いかに貴重なものであるかを実感する。

苦労してとった枝葉の標本は、研究室に運ばれて乾燥される。その後に、樹種の同定が慎重に行われるのだが、熱帯林の構成樹種が、きわめて豊富なだけに、この作業には長い時間と、樹木分類に関する深い知識を要する。分類の専門家が、現地と植物標本館との間を行き来しながら、膨大な植物標本をあいてに、悪戦苦闘する。森林局の人たちは、ミリ市郊外に一軒家を借りて、車の便で現地を往復し、見たところ悠々として数ヶ月間以上も取り組む。何万本もの樹木データが整理されて、現在では、第二回目の毎木調査も無事終了し、ある人から聞いた話では、このような毎木調査の繰り返しを、次の氷河期まで続けるつもりだそうである。

観察時間がどうしても短くなるという制約を、すぐれた調査方法によって解決した試みも、いくつか行われている。数千年の長期間にわたる植生変化は、高層湿原などに堆積した花粉相の分析によって、その大筋を推定することができる。また、ハーバード大学のJ・D・ヘンリーとM・A・スワンは一九七四年に、地上で生きている樹木と死んだ樹木、地中に堆積している樹木を調査して、森林史を再現する研究方法を開発している。彼らは、それらの樹木の年齢や、死んだ時期を年代学的に特定して、過去およそ三〇〇年間の森林史を再現している。それによると、陽樹から陰樹に移る、自発的でゆったりとした植生遷移は、この森林ではみられずに、野火などの自然の攪乱*によって、植生の変化が生じており、どちらかというと急な攪乱を経て、現在のカエデ・ブナ・カンバ林が、出来上がったことをつきとめた。

さて、これらの事例に共通しているのは、大勢の研究者が、それぞれの特技を生かして、一つの場で研究を分かち合い、全体に関するまとめを代表者がしている点である。大きな組織のサポートを受けて、個人研究にも様々の便宜がはかられており、論文も多数でているので、当初心配したような、個人の業績不振はないようだ。問題となるのは、全体の研究の流れを、どのようにして永く維持するかである。これには、大学や各種の研究機関レベルでの研究の組織化が、どうしても必要であろう。普通、研究機関では一〇年を経ると、研究者の顔ぶれが変わってしまうものだ。もし、組織が掲げるテーマと、調査地の魅力さえ大きければ、研究者が代々入れ替わっても、継続して研究の流れを、維持することができるだろう。

しかし、このように恵まれた環境におかれた研究計画は、全体の中で、ほんのわずかにすぎない。私の研究室のように、数名の教官と一五名程度の学生で構成される零細な単位では、同じ森林を、一〇〇年間研究し続けることすらできないだろう。教室に森林生態学という看板を掲げていても、研究室のスタッフは年とともに変わってゆくし、ある人がもったテーマに、次代の人が同じ興味を示すとはかぎらない。研究者には、結構、勝手で移り気な者が多いという、一般的な傾向も災いしている。

それはさておき、樹木の代がわりをみられるほど、永い期間にわたって、調査を続けることができれば、樹木個体の消長から、森林の形成過程や維持過程を解析することができるし、そこで繰り広げられる樹種群の生活の模様や繁殖の状態が、パノラマを見るように再現できるだろう。森林という一つの大きな生態系が、時間とともに変化する様子や、永い観察期間中には極度の干ばつや洪水・地滑りなどの攪乱も起こるだろうから、あるストレスに対して森林が、系として、どのように反応するかも確かめることができる。あるいは、研究者が予期もしないことが、自然の状態で起こるかもしれない。このように長期観察型の研究には大きな魅力と意義がある。そして、それらをさらに高めるのは大きな調査面積である。

もう昔話だが先輩から聞いた話に、森林を調べるときに、以前は二〇〜二〇メートル四方の面積の「標準地」*をとっていた。そして、場所を選ぶときに、木のない場所を避けるように教えこまれていたという。ちょっと考えると当然のように思えるのだが、実はこの考え方は、木のないところも、森林にとって重要な場所である点を見落としている。あとでも解説するが、大きな樹木のない場所ほど、森林の更新が活発な場所はない。「標準地」は、森林の中で樹木が最も大きい集団の性質だけを反映し、森林全体の中で、ごく一部のみを説明するにすぎないのである。森林には、様々な状態にある場所が含まれており、それらの場所では、樹木群の状態や地形・地質・標高などが、それぞれ異なっている。生物過程も環境過程も、場所によって独特であるに違いない。

大面積の調査地をとることによって、多くのタイプの場所が含まれる確率が大きくなり、結果として、森林の全体的な形成・維持パターンが明らかになるのである。前に紹介したように、現在では、バロコロラド島の五〇ヘクタールプロット構想が、森林の大面積長期観測の代表格となっている。五〇ヘクタールの中の直径一センチ以上の樹木を、五年間隔ですべて計測するには、途方もない労力を要する。しかしこれとても、広大な天然林のごく一部を探ることにすぎないのかもしれない。

このようにしてみると、森林史を学ぶ方法論自体に大きな制約はないが、調査を実施する労力や動員力には、ある一定の限界がありそうである。しかも、一人の研究者が直接的に森林を観察できるのは、樹木一世代の数分の一の期間にすぎない。これでは何もできないのではないかという危惧が、頭をよぎるが、恐れていてはいけない。人間は、個々の経験を記録のかたちで次代に伝え、伝承（文字）を通して、文化を創り上げてきた存在である。そして、起こるべき現象を、解析的に予測する能力がある。多くの人が、力を合わせれば、巨大な森林に挑戦できるはずである。

3　人とともに森は変わる

森は、時間とともに変わってゆく。ここでまず問題となるのは、森林の変化をどのように記述したらよいかである。森林のなかには、樹木のほかに草本・菌類・動物など、膨大な数の生物が棲んでいる。樹木が森林の骨格を作り、森林生態系の空間領域を、樹木の分布がほぼ決定している。したがって、森林の時間的変化は、実際には、生物の総体の変化として生じるが、私たちが森林を見るとき、その変化が生じたことを一目で感じるのは、森林の優占樹種の違いからである。

この理由で、本書では、森林の時間的変化を、優占状態にある樹木の種構成の変化として表現し、優占種の異なる各ステージごとに適当な名称を付けて、森林の歴史を記述することにする。ちょうど、ある地域の歴史が、実際にはそこに住む人々の生活の連続体であるにもかかわらず、過去に興った国名にしたがってそれを整理するようなものである。この問題は、時間的に連続する生物現象を記述するときの、根源的な問題であるが、これから本書で記述する「森の変化」は、たとえ一部の樹種の記述が中心になっていても、その真実の姿としては「森の連続性」が、そして次に述べる「森林の総体性」があることを忘れないで欲しい。

優占種から、森林の時間的変化を記述するうえで、さらに困った問題がある。森林によって、樹木の優占の状態には、幅広いバリエーションがあるのだ。スギやヒノキの人工林のように、単一樹種がその場所を占有している状態から、いわゆる「雑木林」のように、どの樹種が優占しているかわからないような状態までが存在する。「ブナ林」というと、まるで単一樹種の森林であるかのように、錯覚させる名称であるが、その森林の内部には、ミズナラ・シナノキ・カエデ類などの大木や、クロモジ・ツリバナ・オオカメノキなどの低木まで、少なくとも数十種の樹木が含まれている。

従来から森林生態学では、森林に名称をつけるときに、樹種構成の内容を明示している。たいていの場合は、そこに最も多い樹種の名前を使うのだが、そのような決定ができない場合も多々ある。そのときは、「雑木林」の例のように、森林を性格づける言葉を用いるのもよいだろう。しかし、あくまでも本書で私が目的としていることは、森林の各ステージごとの名称づけではなく、森林の総体としての変化の記述であり、なぜ森林が変化するかという原因を究明することにある。

さて、前に述べたように、現在から数百年または数千年さかのぼる時期に、森林は各地で、劇的ともいえる変化を遂げた。その原因は、いうまでもなく人間の影響からである。この時期に、人間は衣食住を確保するために、世界中で森林から収奪を行った。田川日出夫は、『植物の生態』(共立出版、一九九二年)の中で、人類の農耕文化が自然生態系に与えた変化をまとめている。東南アジアでは、一万年以上も前から、根栽農耕文化があり、タロイモ・ヤムイモなどが、栄養生殖によって栽培されていた。ヒマラヤから日本の南西部に続く照葉樹林地帯では、根菜農耕文化と、インド以西より伝わったサバナ農耕文化、および地中海農耕文化の影響を受けて、独特な農耕文化を形成した（中尾佐助、『栽培植物と農耕の起源』）。これらの農耕文化は、森林伐採あるいは焼き畑を通じて、森林の一部を畑地に変えたことで成立したはずである。

日本では、弥生（あるいは縄文）時代に本格的な農耕文化がはじまり、森林域は焼き畑地となったり、樹木が農機具や家屋に使われたりした。日本の人口は、戦国時代頃から増加をはじめて、江戸時代以降に急上昇している。人口上昇と耕地面積の増大は、ほぼ比例的な関係にあるから、この時期に、多くの森林が収奪されたことは想像に難くない。

日本と同じ島国であるイギリスでは、天然林が徹底して破壊された。樹木の花粉分析や当時の社会状態からの推定によると、当地の天然林は、本来は極相林のナラ・ニレ・カンバ林であった。それが、五〇〇〇年前にはじまった新石器時代に、ニレの下枝が家畜飼料に使われた結果として、まずニレの木が減少した。そして、三六〇〇年前の青銅器時代になると、森林の大伐採が至る所ではじまり、ついに、紀元前五〇〇年頃には、ツツジ科低木のヒース林と草原に化してしまった。イギリスの大部分の国土は、さらに続く過度の放牧と火入れが影響し、酸性土壌と冷涼な気候とあいまって、もはや、森林の骨格たる高木の復元を阻む状態を導いてしまったのである。そのうえ、大航海時代の船材および産業革命以降の燃材として、残った森林の樹木も伐られてしまった。

昨今の森林に、人間の力が強烈に作用していることは、多くの人が気づくところである。いまや、「使われすぎた森林」、「使われたことのある森林」、「使われていない森林」の三タイプにしか、森林は分けられないと思うことまでである。冷静に考えると、どのタイプでも、そこで行われている自然本来の環境過程と生物過程に、大きな違いがあるはずはない。環境が急激に変わったからといって、樹木等の生物は、それほど器用に生活ぶりを変えられないはずである。

確かに、生物は世代を重ねて遺伝的に変化し、いわゆる進化することが可能である。イギリスの工業地帯で、蛾の一種が体色を暗化させることで、汚れた木の幹の色に溶け込むことができ、鳥などの補食から免れやすくなっているという、「工業暗化」の例を思い出す。しかし、樹木のように、一世代が数十年から数百年で回転している生物では、進化速度がゆっくりで、簡単に遺伝的性質を変えることはできないであろう。人間が、森林にもたらした急激な変化を考えると、森林の樹木は、進化に対応する時間も与えられず、ただ急激な環境変化に身を任せたはずだ。

おそらく、動けない樹木にとって、人間が生息環境を急速に変えることは、大変困ったことであり、急速な変化がある場合には、森林そのものが衰退するか、その樹種が衰退した後に別の樹種が交代するかしか起こらないだろう。森林で行われてきた本来の環境・生物過程とは、どのようなものであり、人間が偏向した圧力を森林にかけたときに、それがどのように変化するのだろうか？　ほとんどが原始の状態を失い、すでに二次化した自然の中で生きる私たちにとって、このような問いに対する答えは非常に重要である。

この人間活動を含めた森林史を明らかにするためには、前述したように、森林史を調べる方法論上の困難を乗り越えねばならず、さらに、森林で生活してきた人間の歴史を把握するという作業が不可欠となる。こと後者の課題は荷が重い。森林で学んできた私にとって、接する機会は多々あったものの、森林と深く関係する村の人たちの生活を、詳しく分析した経験はない。一介の森林生態学者としていまさら思うのだが、もっといろいろな人と話をしておけばよかった。

＜余談その1＞

―森の音楽―

「木を見て山を見ず」ということわざがあるが、せっかく美しい山の中にいながら、樹木の調査だけしてそれ以外のことを、何も楽しまないのもどうかと思う。言い訳がましいが、そんな時に趣味が手助けになることもある。私は多趣味人間であるが、森の中にいて頭から離れないものの一つに音楽がある。調査の合い間や昼食後の休憩に、たいていはボケッとしている時間が出来る。そんな時に頭の中によく音楽が流れる。今から一〇年前に書いた文章で、少し気恥ずかしい面もあるが、京都音楽家クラブに依頼された文章（一九八九年、会報第三九〇号）を、そのままみせることにする。

森林の静けさということがよくいわれるが、そのようなことはない。森林は音に満ち、固有の音楽を奏でている。マレイ半島の中程にある熱帯降雨林で調査を行っていた時である。森林の音楽は暗いうちに最高潮に達し、数キロメートルを隔てた山の合間を舞台にして、神秘的な音声で楽劇*が開かれている。舞台装置は、地球上で最も贅をつくした高さ五〇メートルを超す巨木の森林で、樹冠の上から地面まで歌い手には事欠かない。

枝の上でホォォツと抑揚のある長声で鳴き交わすのはホエザルで、さしずめ、これが楽劇の主役である。これにチィチィと飛び回るコウモリや虫のさざめきが加わり、蟬が抑揚のまったくないキーンという金属的な声で通奏高音を司る。名前も知らない大型動物の鳴き声、鳥の歌、森に吹き込む風の音、サイチョウが空を横切るハオッハオッという羽音が楽劇にアクセントを加え、地面を這う虫のかすかな足音、乱舞するホタルの青白い光さえ音として聞こえるようである。ごくまれにしか聞こえないが、カキーンズシーンという音は、数百年生きた老木が倒れるときの、大変に危険な音である。

*

熱帯の海岸線に移動すると、マングローブ林がある。この森林は海に向かってそびえ、満潮になると林床に潮が入ってくる。ここの舞台装置は一種独特である。森林が海の中にあるだけでも異常であるが、樹木に根が多く、林床に支柱となる根が隙間なくはびこっている。根の間には、魚やエビ・カニが多く棲んでいる。したがって、マングローブ林は内陸の森林とは少し違った音をもち、虫や鳥の声は意外に少なく、聞こえるのは主に海の歌である。

ここには一風妙な歌い手がおり、カポンカポンというのは二枚貝が口を開く音であるが、この音が樹冠に当たってこだまする。時折り、群れなす小魚の泳ぐ音、沖合で飛ぶイルカの水音、カワセミが水面で魚を漁る音が耳を通り過ぎ、その後で波が通奏低音を奏でている。鮮やかな白や赤や紫色をした小さいカニが、長い鋏を振り回して舞踏し、夕方になると、海の対岸に稲光が走り、雷鳴が轟いてそれが段々とこちらに移動してくると、鬼気迫る思いがする。

東南アジアでは、多くの人間の生活が熱帯降雨林の中で営まれている。森林で生活する人々は歌の名手で、楽譜にならない即興の歌を仕事の間中歌い続ける。ひとりの男がもうひとりに、「おまえの服はぼろぼろだー」というような冗談めいたことをいうと、そいつが「なにをおまえこそー」というように歌で掛け合う。現地語に堪能でない私には歌詞の内容は想像するしかないが、この種の他愛ないものであろうことは間違いない。しかし、即興歌の肉声は実に確かなもので、朗々とした旋律は熱帯林の中に人がいるということを、強く意識させるものがある。単に冗談のやりとりではなく、広大な森林の中で、歌によって彼らは自分の存在と位置を確かめているのである。前の動物の歌や音を含めて、歌というものは本来こういうものではないか。

熱帯雨林は生物種がきわめて多様な生態系である。植物を動物が食い、動物が他の動物に食われる連鎖、および増殖―死亡の過程で、ここの種は特有の生活型と棲み場所をもっている。森林の音はこれらの総体であるが、私が聞いた中には、恋の歌のほかに残酷な内容の歌も含まれている。内陸部の森林とマングローブ林での音の違いは、そこで生活している生物種の違いを反映しているのであろう。

さらに私の経験では、熱帯降雨林は私たちが住む温帯の森林よりも、はるかに音量が大きい森林である。このことはここに大量の生物が共存していることを意味している。森林の音から、そこに棲む生物の秩序が聞かれたのである。このような音をもつ森林は、それ自体が大きな生物であると思われる。

現在の私たちは機械化された世界の中に住んでいるので、森林とは無縁と思っている人が多いが、決してそのようなことはない。環境におよぼす森林の影響は、一般に考えられているほど小さなものではないことが最近の研究で明らかとなってきている。人間もまた森林に依存する動物なのである。

地球上の森林で熱帯林は重要な位置を占めているが、その熱帯林は急激に衰退しつつある。私がこの調査の数年後に同じ場所を訪れたところ、マングローブの巨木は伐採されてすでに森林が消失していた。適度の雨と気温に恵まれる国土に育つ私たちには想像し難いが、熱帯では大きな面積で森林が伐採されると、森林の再生が不可能になる場合が多い。森林に棲む様々な動物もまた、樹木の消失と同時に姿を消してしまう。熱帯降雨林で毎夜開かれていた神秘的な楽劇も、永遠にその舞台を閉じる日が近づいているのは悲しむべきことである。

第二章◎岐阜から森林を考える

1　森林の属性を決めるもの

初夏の大白川谷（岐阜県白川村、図2・3参照）は木々の王国である。優美な天然林の世界を歩きながら、一つの水系に成立している森を眺めてゆこう。

まず谷沿いを歩くと、ヤナギ科のドロノキの巨木が立ち並んで沢音を響かせ、トチノキやサワグルミがそれに和して、風にそよいでいる。岩だらけの河床をものともせず、ドロノキの巨木が、新緑の木々の中にそびえる様子は壮観である。緑に埋めつくされる夏から時が流れて、秋にはドロノキが一斉に真っ白な綿毛をまき散らす。河原には、まるで雪の降るような光景がみられる。

ドロノキが散布した綿毛の中には、芥子粒のようなタネが入っており、播いてみると、わずか数日で発芽したのには驚いた。ドロノキは現在の河原を広く覆っているが、昔は、大面積に分布していたのではなかったそうである。荘川営林署当時の職員（板倉重雄、桑田博、両氏）の話によると、大規模な砂防ダムが建設され谷が階段状に区切られたのは最近のことで、意外にも、この作用によってドロノキ林の面積が、以前より増加したのだそうだ。これらの砂防ダムは、勾配が緩やかな渓床の面積を増やし、新しく出来たこの広い生育適地に、ドロノキは、強い*種子散布力を生かして領土を増やしていったのだ。

　河原から山に向かってかけ登ると、地形は傾斜地となり、他の落葉広葉樹の林が広がっている。地形が少し変わるだけで、植生は敏感にそれに反応して変わってしまう。さらに、傾斜地でも、やや平坦な場所へと歩いていこう。そこでは、大白川谷の圧巻ともいえるブナ林に出会える。ブナの幹は、灰白色で、ところどころにせん苔類の模様がついているので、すぐそれとわかる。まさに、白い肌の幹の林立である。ブナの幹には、数年前の堅果が大豊作になった時についたツキノワグマの爪痕も残っており、ブナ林に生きる動物たちの息づかいが聞こえる。

　ブナ林を仰ぐと、鮮やかな新緑が眼に涼しい。その*林冠は*純林的であるけれども、中には、ミズナラの巨木やシナノキやハリギリも存在し、やはり、いくつかの樹種が混交していることがわかる。眼を林床に移すと、オオカメノキや、ヒナウチワカエデやウワミズザクラなどの数十種にものぼる下層木が密生している。大きな声ではいえないが、秋にはマイタケをはじめとするおいしいキノコがここでとれる。

斜面中腹から、さらに登ってゆくと、やや急峻な尾根に行きあたり、そこではサワラなどの針葉樹が多くなる。ブナ林にくらべると、土壌は薄くて露岩が多くなり、風がまともにあたるので、ここは乾燥気味の場所になる。日本の山では、「尾根の針葉樹、沢の広葉樹」というパターンが一般的にみられるが、針葉樹と広葉樹で、生活史にどのような違いがあるのだろうか。

さらに尾根づたいに歩いて、標高を稼ぎ一六〇〇メートルぐらいに達すると、がらっと様子の変わった森林があらわれる。白山の亜高山帯林である。全体として森林の高さが低くなり、出てくる樹種にも、ダケカンバやオオシラビソが加わる。見わたせば、白山の南側斜面には、なぜか亜高山性針葉樹の割合が少ない。このように、大白川谷のような一水系を構成する小さな地域にも、標高や地形と対応して、それぞれ異なった属性をもつ森林群が存在している。

さて今度は、一気に緯度が変わるほど大移動して、他の地域に行ってみよう。地形などが仮に同じとしても、そこにあらわれる森林の種類は、まったく別物となる。たとえば、日本最南端に近い西表島まで南下すると、海岸に近いところに、ヤエヤマヒルギやオヒルギなどのマングローブ林が存在しており、斜面を登ると、シイ類などの常緑広葉樹の森林があらわれる。針葉樹類は、南方に行くほど少なくなる傾向が明らかだ。

沖縄からさらに南へ移動すると、常緑広葉樹が中心の熱帯雨林の世界がある。熱帯雨林は樹種が豊富で、構造面で最も発達した森林である（図2・1）。この写真に示した混交フタバガキ林は、大白川谷

図 2・1　熱帯降雨林
マレイシア・サラワク州ランビル国立公園．巨大高木は高さ 70m を超える．この混交フタバガキ林では，さまざまの大きさの樹木が森林を構成している．

のブナ林が、中木以下の層にすっぽりと入ってしまうくらい大きい。樹高が七〇メートルを越すような樹冠の下は、まさに木の下闇で、林床は、日中でも暗くてじめじめしており、頭上はるかにそびえる巨大高木の林冠を通して、ちらちらと日の光を垣間見る程度である。

この熱帯雨林の壮観には、言葉を失う。まず、七〇メートルという木の高さは、一〇階建てのビル以上の高さにあたり、そのことに肝がつぶれ、圧倒される。その巨大高木の下に、大小様々の樹木が、びっしりと詰まっている。それぞれの階層に分布する樹木は、実に多様な樹種で構成されており、私たちが調べたわずか〇・六ヘクタールの面積の中に、わかっている大きな木だけでも七〇種あまり、そのほかにまだ種がわかっていない多くの樹木が存在している。熱帯雨林は、世界中で一番贅沢で、豊かな森林である。

ここらで、森林の分類と名称について考える必要がある。本書では「森林の属性」を、樹木を中心とする植物や動物の種構成、個体の多さや大きさ、階層構造など、それぞれの森林に固有な、総体的特性とでも定義しておこう。

前章で触れたように、森林の属性を私たちは大づかみに把握して、優占樹種から森林に名称をつけている。たとえば、ドロノキ林・ブナ林・ヒノキ林・アカマツ林・カシ林がそれである。これとは別に、亜高山帯林・冷温帯林・暖温帯林・亜熱帯林・熱帯林のように、気候と対応させて森林を植物学的に分類する場合もある。このほかにも、相似た性質をもつ樹木が集まる森林として、落葉広葉樹林・常緑針葉樹林・雑木林・マングローブ林のように分類したり、機能的に見て、薪炭林*・人工林・魚付き林*と、森林を分けることもある。このように、森林の分類方法と呼称は実に多いが、これは、地域によって森林の属性が多様であることを反映している。さて、この森林の属性の多様さを説明する要因は、いったい何なのだろうか？

森林の属性は、概念的に三つの軸のもとに決定されていると、考えることができる（図２・２）。第一

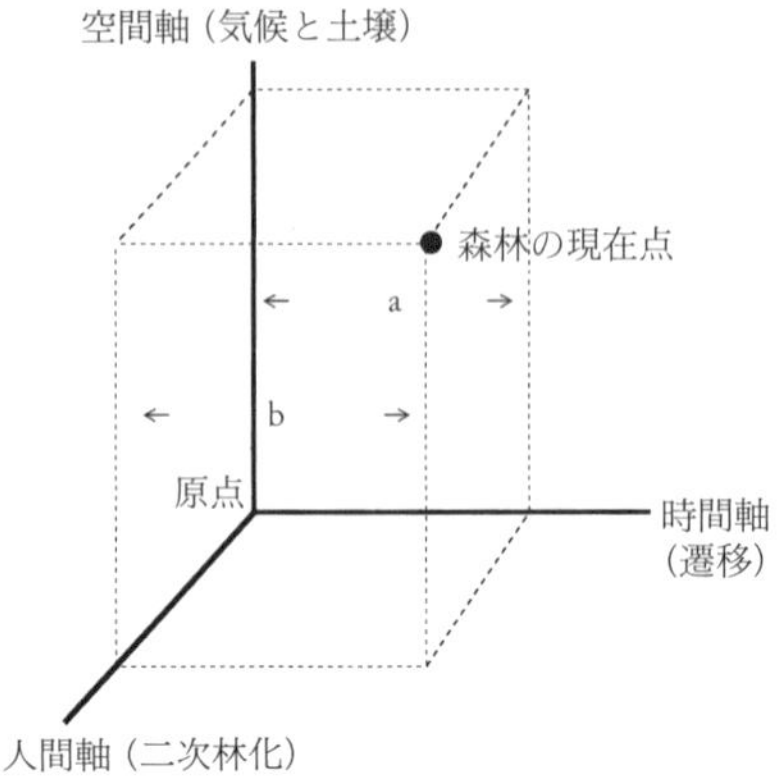

図 2・2　森林の属性を決定する三要素
平面 a は天然林の状態を，平面 b は最も人間の影響が強い状態を示している．

番目の軸は「空間」であり、その構成要素としては、無機的な環境としての気候・気象・地形・地質などがあげられる。ほかに、有機的な環境として、森林に生息する植物以外の生物をあげねばならないかもしれない。地球上のあらゆる場所は、特定の空間要素によって特徴づけられる。とくに、無機的な環境として、緯度や高度差による温度勾配と降水パターンは、森林の分布と種類に最も大きな影響を与えている。

一つの例として、一九四〇年代に吉良竜夫が提案した、暖かさの指数と森林帯分布の関係がある。梅雨や秋雨前線と台風などで、比較的大量の水分がもたらされるわが国では、たいていの場合、降水量は、森林の分布を制限する要因にはならない。だから、わが国の植生の分布は温度によって主に支配されている。植物が活性を示す温度を摂氏五度と仮定して、その値を上回る月平均気温の積算値の地理的分布は、沖縄の亜熱帯林から北海道の亜寒帯林まで、森林の地理的分布と見事に一致している。ただし、冬の寒さの厳しさが、常緑樹の分布の制限となる場合があり、摂氏五度を下回る月平均気温の積算値である寒さの指数が、暖帯落葉広葉樹林の分布をうまく説明している。また、同じ緯度地点でも高度の上昇による温度低減率が、森林の垂直分布帯の形成に作用することがよく知られている。

一方、世界的に見ると、水分が森林分布の制限となる地域が多く存在するが、水分条件は、単純に緯度や高度の関数ではあらわせず、その場所の降水量と蒸発量の収支で考えねばならない（一九四八年、C・W・ソーンスウエイト）。乾燥が強い場所には、砂漠・ステップ・サバンナが分布し、ある程度以上湿潤になると、はじめて森林が出現する。もっと小地域的に見て、たとえば、先ほどの大白川谷における尾根部の針葉樹林と谷部の広葉樹林という配列には、地形による水分条件の違いが関係している可能性がある。このほかに、森林の属性に関係する空間要素として、光の季節パターンをあげることができるが、この点については第五章で詳しく述べる。

第二番目の軸は、「時間」である。一つの森林は、時間に対して静止しておらず、その属性は、刻々と変化している。これについてすぐ頭に浮かぶのは、一九一六年にF・E・クレメンツが提案した、植生遷移（サクセッション）である。ある場所が、裸地になったとき、最初は、日向を好む陽性植物がそこに侵入してその場所を覆うが、それらが成長するにつれて、その場所の下層は暗くなり、陽性植物自体の成長に適さないものとなる。そこに、日陰に耐える陰樹が侵入して、暗い場所でも成長できる特権を生かして、次第に、陽性植物と入れ替わってしまう。そして、最終的にその場所には、それらの陰樹が居続ける極相群落が出来上がる。

しかし、この単極相説には、同時代のイギリスのA・G・タンズレーから、現代の生態学者までによって、様々な修正意見が述べられており、植生遷移を引き起こす多くの要因や条件と、それらを入れた多数の遷移モデルが構築されている(一九九六年、岩坪五郎編『森林生態学』第五章、武田博清の文章を参照せよ)。私も、「植生遷移」という言葉だけで、この時間現象をすべて包括することには、ある種の抵抗を覚える。それを機動する要因と条件があまりに複雑で、個別の森林には、個別の遷移過程がありそうだからである。しかし、ある場所が裸地化して、そこに植物が侵入して次第に森林を形成してゆく変化は、現実に起こっており、森林の成長にともなって、種構成と構造面で、様々な変化が生じている。この軸については、荘川村の落葉広葉樹林の継続調査から得られた結果を使って、後で詳しく解説することにする。

第三番目の軸に、「人間」を入れることについては、賛同されない方も多いかもしれない。基本的に、その場所に与えられた空間要素によって、潜在的に存在できる樹種の大枠が規定され、その場所が裸地化(初期化)してからの経過時間によって、森林の構造と種組成が決定される。そして、その場所が初期化される原因として、火山の噴火・風害・地滑り・土石流・火災などの自然災害があり、それらに加えて、現在では、伐採など人間の強い影響がある。従来の森林生態学の教科書では、人間の影響が、このように簡単に述べられている。

しかし、現代では、自然の状態に森林が放置されることは、まずないといってよい。人間は、特定の樹種を保存したり除去したり、自然界では起こらないような選択圧を、森林に加えている。先ほど述べた大白川谷では、砂防ダムの建設が、自然にはめったに生じない広い堆砂地を作り出し、そこにドロノキ林が拡大していた。もっと顕著な例では、経済林として、スギやヒノキの造林地を作り上げたり、*萌芽更新を利用して、コナラなどの純林を継続的に維持して製炭に使っていた。

　これらの森林では、人間の手によって、特定の樹種だけが積極的に維持され、人手が入っているかぎりは、他の樹種は生育を許されない。また、人間の影響が、社会情勢の変化によって、急にはずれたとしても、ひとたびバイアスを強く受けた森林は、通常の発達過程を示さない可能性も考えられる。

　ここで気になるのは、人間が森林に与える作用でもたらされる効果が、どのような結果を生むかという、予測性に関わる懸念である。この効果は、前にあげた他の二軸の効果とくらべると、学問的に充分な検討がなされていないのではないだろうか？

　確かに、人間軸の検討、人間の効果を予測することは、非常に困難である。なぜならば、森林を利用する源となる人間の経済面や、安全面に対する欲求は、社会情勢と政治、そして人間の心理とともに刻々変化するからであり、山村社会の動向は、周辺の事情によって揺り動かされているからだ。しかしながら、このような不確定な部分とはいえ、人間による強いバイアスが、現在の森林に作用し続けている以上、森林の属性を決定するうえで、人間軸は、どうしても設けなければならないだろう。以上のように、空間と時間と人間の三軸上の位置が特定できたときに、そこに存在する森林の属性が再現できるものと、私は考えている。

2　森林のすがた

では、私たちが棲む身近な世界には、現実にどのような森林が存在するのだろうか。自分が生活し眼と足で体験した岐阜県の森林が、私にとっては、場所として一番わかりやすいし、親しみをもって書くことができる。

岐阜県は入道雲のような形をしており（図2・3）、北側は飛驒地方、南側は美濃地方と呼ばれている。美濃地方は、愛知県から続く濃尾平野の北辺と、平野部が途切れて、比較的低い山並が続くところにあり、西から順に、揖斐川・長良川・木曽川が流れている。飛驒地方は、山岳地帯にあり、本州の一番幅広い部分の中央高地を占めている。木曽川・飛驒川と、富山県を経て日本海に注ぐ、庄川・神通川（宮川・高原川）の上流部に位置し、西に白山（二七〇二メートル）、東に御岳山（三〇六三メートル）を擁し、乗鞍岳（三〇二六メートル）から槍ヶ岳（三一八〇メートル）に向かう南北には、飛驒山脈が走っている。美濃が大河と野の国であるのに対して、飛驒は渓流と山の国であり、その語源は「山の襞」に発している。それゆえ、岐阜県の地勢は「飛山濃水」ということばであらわされる。

さて、岐阜大学から、岐阜市（美濃の中心）のシンボルである金華山を南側に望むと、中腹までびっ

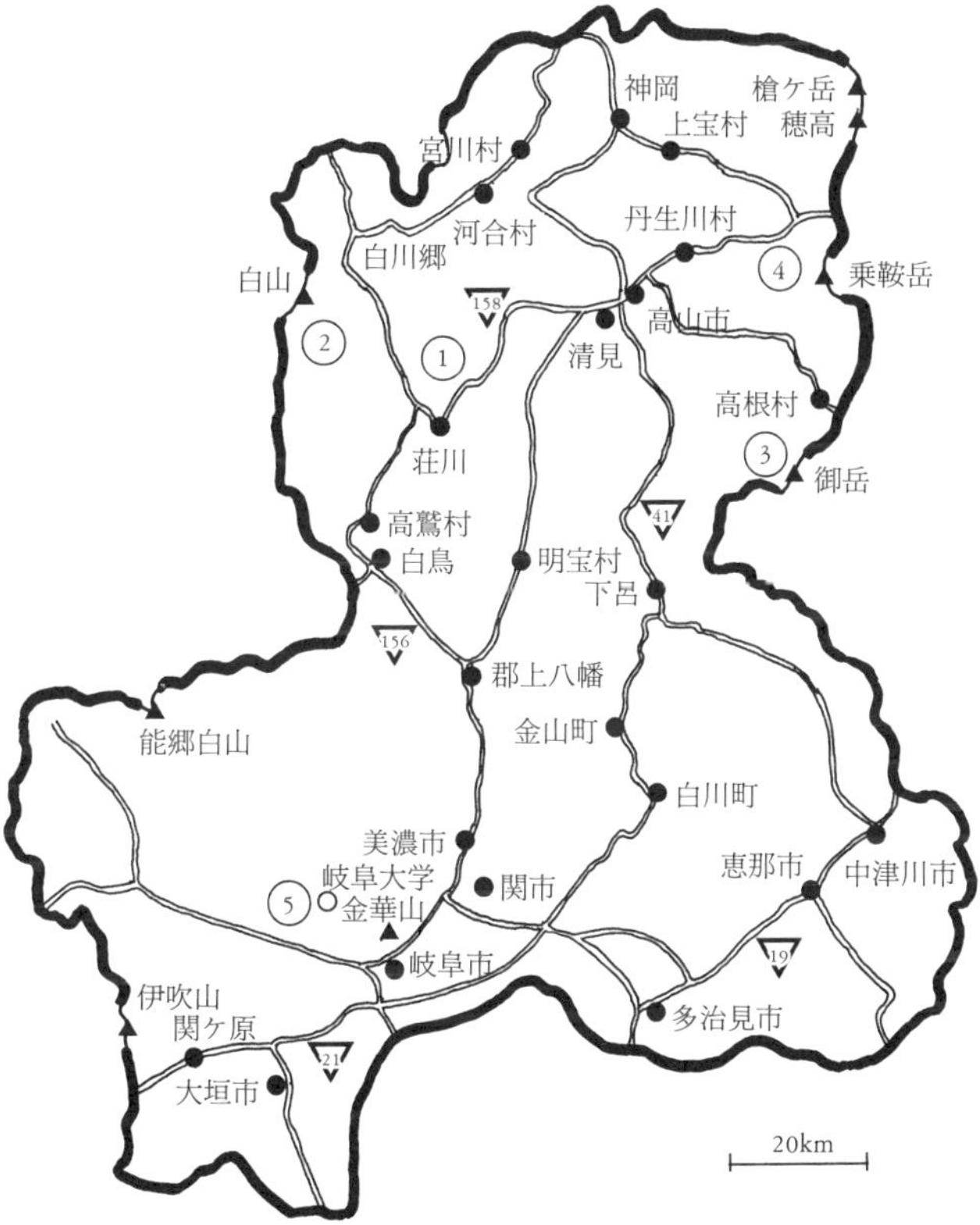

図 2•3　岐阜県に設けた調査地

主要な市町村と道路を記入した．荘川村については，図3•1にさらに詳細な図を示した．

調査地

①荘川村六厩の落葉広葉樹林
②大白川谷のブナ林
③御岳の亜高山帯林
④丹生川村のシラカンバ林
⑤金華山の照葉樹林

しりと照葉樹林が覆っており、山頂付近には、大きなヒノキの天然生林がある。金華山は、旧御料林とされてから百数十年間守られてきた山であり、四月から五月にかけて、黄金色のツブラジイの花が咲くことでこの名前が付いた（岐阜営林署当時の職員による）。濃尾平野に奇跡的に残された、非常に成熟した森林が岐阜市にはある。ただ、残念なことに、山頂付近のヒノキと照葉樹林の一部が、最近、どうしたわけか枯れはじめている。その原因にはいろいろなことがいわれており、酸性雨・大気汚染・病気・リスの加害・老齢による衰弱などが考えられている。しかし、枯死の直接原因はわかっていない。

岐阜大学から車で北上して、高山市（飛驒の中心）に至る道中では、次のような光景がみられる。大学を出ると、低い山が続く田園地帯に入るが、山麓には、スギの人工林のまわりに、ツブラジイやアラカシなど常緑広葉樹の小規模な林や竹林などが点々と残っており、尾根の方には、アカマツ林がみられる。このあたりでアカマツ林は、最も面積が広いが、いわゆる「マツ枯れ」の被害がその中で進行中である。

関市から金山町に抜ける街道に入ると、コナラなどの落葉広葉樹が多くなってくるが、常緑広葉樹も依然存在しており、茶畑が沿道沿いにみられる。金山町から飛驒川沿いに、さらに北上していくと、JR高山線沿いの斜面上に、モミ・ツガ・イヌブナなどが混じった森林がみられるが、これが前述の暖帯落葉広葉樹林（中間温帯林ともいう）なのだろう。久々野町から、一気に宮峠（七七五メートル）を登ったのち、少し高度を落として、高山盆地におりると、そこには、落葉広葉樹林がみられる。基本的に、岐阜市は常緑広葉樹林の世界であるのに対して、高山市は落葉広葉樹林の世界である。両市の暖かさの指数を計算すると一二二度（＝暖温帯）と八五度（＝冷温帯）となり、私たちの道中が益田川流域の中間温帯を含めて三つの森林分布帯を横切ったことが理解される。ついでに、高山市から、北アルプスの入り口にある平湯峠（一六八四メートル）に登ってみよう。このあたりには、コナラ・ミズナラ林や美しいシラカンバ純林（巻頭グラビア図1・1(3)参照）が存在し、乗鞍スカイライン沿道では、標高一三〇〇メートルを越えるあたりからシラベ・オオシラビソ・コメツガ・トウヒなど、常緑針葉樹の亜高山帯林が出はじめる。そして、乗鞍岳山頂付近で植生は高山帯のハイマツ林に変化する。

一見すると、岐阜県の森林は、垂直分布帯にしたがう分布を示しているようであるが、それにしては、アカマツ林やコナラ・ミズナラ林やシラカンバ林など、一般に陽性といわれる樹木が純林を形成している場所が、少なくないことに気づく。これはなぜだろう？

その答えは、人間活動が森林に与える影響を考えると、案外、簡単に浮かび上がってくる。アカマツは、陽性で痩せ地でも生えられる樹木である。只木良也は、『森林と人間の文化史』（一九八四年）で、かつて里山から出た落ち葉や小枝を、堆肥にするために農地に持ち出したことが原因で、里山の土壌が劣化し、そのために、アカマツが現在の広大な面積を占めるようになったとした。つまり、アカマツなどの陽樹の優占状態は、人間活動の反映として生じる可能性があるのだ。

もっとも、現在は、化成肥料を農地に用いるので、これとは逆の現象が生じている。アカマツ林の現在の衰退は、そのきっかけを作った引き金はともかくとして、リター*（落葉落枝）が農地の施肥に使

図 2•4　シラカンバ林
岐阜県丹生川村，50 年生の純林．もとは軍用馬の牧場であった場所．上層木はほとんどがシラカンバで，樹種の構成が非常に単純な森林である．

われなくなったことで、里山の土壌が再び豊かになったことに関係しているかもしれない。前述の金華山では、現在はツブラジイなどの常緑広葉樹が立派な森林を作っているが、百数十年前に御料林になる以前には、アカマツが多かったらしい。御料林になったことで、民間の森林使用がへった結果、暖温帯本来の構成樹種が勢いづいたのであろう。昔は金華山といわず稲葉山と呼んでいたそうである。してみると、この金華山への名称変更は、いつかの時代に、森林の景観が、単なるアカマツ林から、黄金色の花を咲かせるツブラジイ林に変わったことによる、と私は思っている。

　これらの例からわかるように、森林は、数百年のオーダーでダイナミックに変化しており、それには、人間の森林に対する関与が関係している。前述の平湯峠周辺にみられるシラカンバの美林も、その例外ではない。久手地区には、シラカンバがとくに美しい林が存在した（現在はスキー場になってしまった。当時、図2・4）。この場所は、戦時中に軍用馬の放牧場として使われていた。戦後、軍用馬が必要なくなった時点で、この牧場は放棄され、その後、強い種子散布力をもつシラカンバが、一面に森林を形成したものと考えられる。ほかに、現在のシラカンバ林は、過去に焼き畑が行われていた場所にも、多く分布している。

冷涼な飛驒地方では、ほんの戦前まで稲作が充分にできず、焼き畑耕作によって、アワやヒエなどの雑穀類を作っていたのである。美食と飽食にふける私たちからは、想像もできない時代が、すぐ近くにあったのだ。そして、人間社会を鏡のように映す森林が、その時代の証人として、私たちを取り囲んでいるのだ。

3　天然林のしくみ

二次林の話をはじめる前に、まず、天然林が維持されている仕組みについて考えてみよう。もし、人間の影響がまったくないと、森林はどのような姿になるのだろうか？　そして、天然林の構造は、二次林の構造とどこが違うのだろうか？

降水量が充分に多い地域では、全体の植生が初期化されてから、非常に長い時間が経過すると、一般に「天然林」または「原生林」と呼ばれる森林が、地上を覆う。前掲の図2・2に示した概念に基づいて、〔人間軸＝〇、時間軸＝∞〕と天然林を定義する。もちろん、天然林には、時間軸＝∞の林分ばかりではなく、部分的に再生途中の林分も含まれている。ここでは、若い林分を含めた一つの森林として、天然林を考えることにする。言葉として紛らわしいのは、林業関係の人たちが天然林と呼ぶのは、人工林以外の森林を指すことが多い。また、人間の力で初期化されてから放置された森林を、林学の分野では「天然生林」と呼ぶこともある。

御岳の岐阜県側（朝日村・高根村、図2・3参照）には、ほとんど人手が入っていない亜高山帯常緑針葉樹林がある。毎年、一一月から五月まで雪に覆われるような高冷地では、田畑を作ることができず、また、そこまで行くことも大変だったので、この場所の森林は、天然林の状態を続けることができた。しかし、一九七〇年代までは、標高約二〇〇〇メートル以下にある森林で、国有林による伐採が行われた。これよりも高い標高の場所は、私が岐阜大学に赴任した当時に、まだ天然林が残されており、くろぐろとした亜高山帯林が綿々と続く、すごい森林塊がこの場所にあった（図2・5）。天然林の構造や、維持されている仕組みを研究するのに格好の森林だったので、千間樽・秋神国有林の協力のもとに調査を行った。ただし、この天然林の一部に、一九九〇年代にスキー場が出来てしまった。私がこの場所で研究を行っていたのは、それ以前のことである。

図 2•5　御岳の亜高山帯林
継子岳のピークには，森林限界線がみえる．それから下は広大な常緑針葉樹林が広がっていた．現在はこの付近にも，スキー場ができている．

一九八〇年代の当時、岐阜大学（移転前、各務原市）からジープに乗って、小坂町から細く切り立った山道を進むと、濁河温泉の手前から亜高山帯林がはじまった。活火山である御岳では、大昔の噴火時の様子が地形や地質に反映されている。大きな転石がごろごろ転がっている地帯には、上層木にトウヒとコメツガが多い。地形がやや平坦で、林床がコケ類に覆われているような土壌の深い場所には、モミ属のシラベやオオシラビソが多い。

亜高山帯林が常緑針葉樹林とはいっても、その中には、ダケカンバ・ウラジロカンバ・ナナカマド・ミネカエデ・ヒロハツリバナなどの、落葉広葉樹が存在する。ここの樹木はすごく大きくて、胸高直径は、トウヒやコメツガで一メートル以上にも達するが、シラベやオオシラビソでは六〇センチメートルまでのものが多い。樹高三〇メートル以上に達するものが、普通にみられ、中には樹高四〇メートルぐらいのものもあった。

まずは、御岳のピークの一つである継子岳の、標高二〇〇〇メートルの場所に作った、私たちの調査地での研究結果から、亜高山帯林の林冠の状態がどのようであるかを調べることにしよう。調査地(面積一ヘクタール)は、当地の代表的な森林タイプとして、トウヒ・コメツガ林とシラベ・オオシラビソ林に、それぞれ一箇所を選んだ。

森林には、林冠ギャップとか、単にギャップと呼ばれる場所がある。ギャップは、何らかの原因で、上層木が欠如して、林冠が空隙状態になっているような場所のことをいう。以前には、木のない場所としてしか扱われなかったギャップは、イギリスの生態学者T・C・ウィットマーが提唱した「森林の成長サイクル」仮説があらわれるやいなや、学会の注目を集める場所となった。御岳のトウヒ・コメツガ林の調査地で、林冠の状態を見ると(図2・6、一九八一年、小見山ら)、樹冠が連続する部分とギャップが交互にあらわれている。ギャップが占める割合は、意外に多くて、調査面積の二三%もあった。天然林は、意外にも穴だらけなのである。

図に見るように、この林には、調査地中央の上下につながる大きなギャップがあるが、このギャップは伊勢湾台風の時に生じたものである。このギャップでは、台風で倒れた大木が、当時もたくさん残っており、地面を歩くのも困難なほどであった。一方、シラベ・オオシラビソ林では、小面積のギャップがたくさん存在しており(図略)、それらの面積率は一四%であった。これらの小さいギャップは、

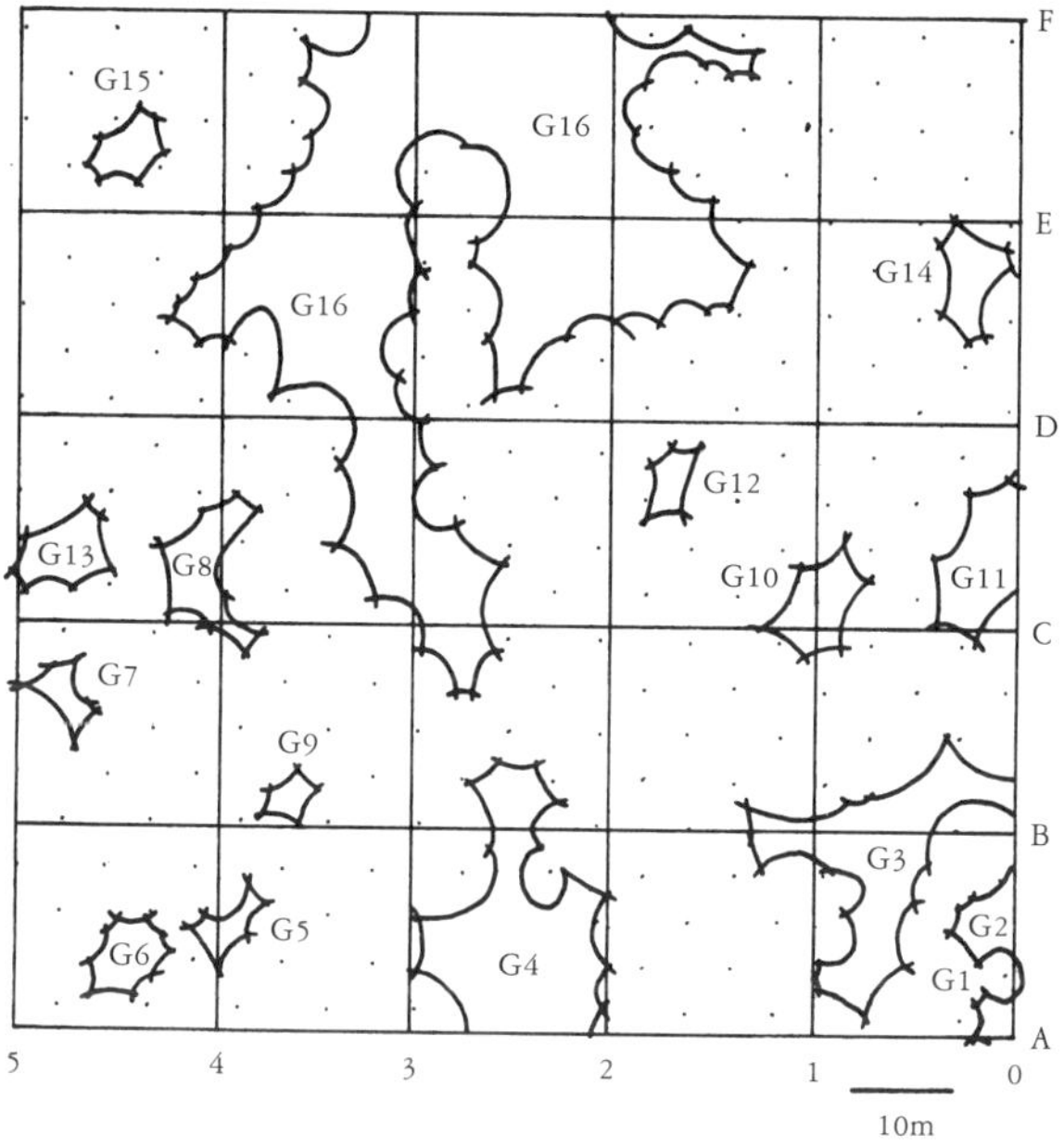

図 2•6　トウヒ・コメツガ林の林冠ギャップ
G 部分は林冠ギャップを示す.
G4 と G16 は伊勢湾台風でできた.（この森林をほぼ上から見たのが図 2•5）

主に、樹木が立ち枯れて生じたものであった。このように、整然と見える天然林の中にも、大小のギャップが多く存在していることに驚かされる。

もっと広い場所を調べるために、調査地の周囲の森林一平方キロメートルで、航空写真を利用してギャップの分布を調べた（一九八四年、小見山ら）。幸いにして、伊勢湾台風直後の一九五九年と、それから二〇年たった一九七九年撮影の、二通りの航空写真を入手することができた。なお、日本で航空写真は、一九四七年頃から定期的に撮られており、その画像からは地上長にして数メートルの精度が得られる。

いずれの年にも、大小様々のギャップが存在しており、その総数は、一平方キロメートルあたり二五〇個以上にものぼった。ギャップの総面積は、一二・八ヘクタールであったが、航空写真を調べた二〇年間で、九・八ヘクタールまで減少していた。伊勢湾台風のような、一〇〇年に一度あるような大きな攪乱から、森林が徐々に回復していることを、これは物語っている。しかし、もっと長い年月で考えると、森林に含まれるギャップの面積割合は、ほぼ一定の割合に保たれていると考えられる。

ギャップは、天然林の林冠部に生じた攪乱を反映している。ギャップが生じると、その場所では、安定した林冠下ではみられないような、環境の変化がもたらされる。まず、閉鎖*した林冠の一部にギャップが生じると、いままで暗かった林床が、一転して明るくなる。この変化は、非常に急激に起こり、林内で数%だった相対照度*が、ギャップが出来ると数十%にまで跳ねあがる。このような光環境の好転を、下層木が察知しないはずはない。

御岳の調査地で、伊勢湾台風で出来たギャップの中にある、樹幹長*が約五メートルのオオシラビソ幼樹について、過去の伸長成長過程を、幹に残る芽鱗痕の位置から調べた。一九五九年以前には、この幼樹の幹は、一年あたり数センチメートル以下の小さな伸長量を示していた。しかし、五九年以降は、それが数十センチメートルにも達していた。前者は、この幼樹が林床で暮らしていた時期に相当する。後者は、この場所が伊勢湾台風でギャップになった期間に相当する。

このように天然林では、台風などの災害や病害・老衰などによる個体枯死によって、林冠に時としてギャップが生じる。枯死した上層木の直下では、光環境が一気に好転し、その場所で、稚樹*が旺盛な成長をして、ついには成木となる。これを、森林全体で考えると、ギャップから成熟した林分までが、同所的に存在していることがわかる。それらが、相互に時間とともに入れ替わり、輪廻的な動きを示すことによって、全体の森林が維持されているのだ。これが、「森林の成長サイクル」仮説であり、天然林が一見すると、いつも変わらない姿を示す理由なのである。

さらにこの仮説を、樹木の年齢を調べることによって、確かめることにした。御岳の調査地の近くに、ちょうど天然林を伐採した場所があったので、〇・四ヘクタールの面積にある、五三六個の伐根の位置と伐採面での年輪数などを調べた(一九八六年、小見山ら)。もし、この仮説通りに、御岳の森林が維持されているならば、ある一定面積の森林には、様々な年齢の林分が存在するはずである。

この場所での樹木の最大樹齢は、オオシラビソ三三二年、シラベ二九八年、トウヒ三〇八年、コメツガ五六二年、チョウセンゴヨウ四六四年、ネズコ四四四年であった。すべての樹種が、たいへんな老齢を示している。三〇〇年の樹齢をもつモミ属樹種と、五〇〇年と長命なコメツガ・ネズコなどの樹種が、この森林には混じっている。この場所を、二五平方メートルの小区画に分けたところ、予想通りに、平均樹齢が低い区画と高い区画が、交互に入り交じってあらわれた。それにしても、老齢の樹木が多いことからわかるように、森林に流れる時間は実に悠々としたものだ。

さて、御岳の亜高山帯林で、森林の成長サイクルの過程を安定的に維持するためには、親木の跡継ぎである後継樹が、森林にいつも存在しなければならない。森林の下層木群集について、さらに調査を進めた。下層木は樹体が小さいので、大きな調査面積は必要ではない。御岳山の同じ調査地の内部に、二平方メートルの大きさの稚樹調査用の小方形区を四カ所設けて、稚樹の発生と死亡の過程を季節ごとに調べた(一九八八年、市河三英・小見山)。

シラベ・オオシラビソ林では、ほぼ三年間隔で、各樹種の上層木が同時に結実した。そして、その時に母樹が林床にばらまいた種子は、翌年に発芽した。シラベとオオシラビソの稚樹は耐陰性が強く、暗い林床でも、非常に長期間生存することができる。発芽して三年間の死亡率は高いが、その後の死亡率は非常に低く、その結果、それらの稚樹個体群は、個体の入れ替えを行いながらも、稚樹の密度を平衡状態に保っていた。つまりこの森林では、常に一定数の稚樹、および幼樹が林床にストックされており、それらの子供たちが、上方にギャップが開く時期まで、待機しているのである。このように、次代の森林をになう、前代森林の下層に暮らす樹木群を、「前生樹*」と呼ぶ。

前生樹の待機時間は、驚くほど長かった。三三個体のオオシラビソ稚樹群では、個体の平均樹高が、三九・三センチメートルにすぎないのに、それらの平均年齢は三一年もあった。樹高七三センチメートルのオオシラビソの年齢が、六六年に達する場合もあった(一九八七年、小見山)。私と同年齢の樹木が、樹高にしてわずか数十センチメートルにすぎないのである。

以上ように、御岳の天然林では、充分な量の前生樹がいつも森林の下層に待機している。それらは、ギャップが発生すると同時に旺盛な成長に転じ、次代の上層木に成長する。前生樹の更新が確保されていること、攪乱が適正規模で起こること、そして、前生樹が上層に成長できる時間と場が確保されていること、それらが、この亜高山帯林の持続を許す条件であろう。天然林の持続性は、人間にとっても、魅力的である。人間が管理しないでも、いや、下手な管理をせずに、必要な森林面積を長期間にわたって保存した場合に、天然林は、持続的な森林であり続ける。しかし、このように恵まれた条件をもつ森林は、現代の人間社会を考えると、めったに得られない奇跡的な状態にあるといわざるを得ない。

4　二次林の広がり

「岐阜県て、立派な森林が多いのでしょうね」という言葉を、大都会に住む人たちからよく聞く。あるいは、これらの人たちは、日常、森林に天然林のイメージを重ねているのかもしれない。現実の世界で、「天然林」―「二次林」―「人工林」の面積割合は、それぞれどのようになっているのだろうか？　岐阜県を例にとって、調べてみよう。

岐阜県がまとめた「森林・林業統計書」によると、県土の総面積一〇六万ヘクタールのうち、なんと、八六・八万ヘクタールを、森林が占めている。この八二％という森林率は、全国で第二位の高さである。岐阜県は、全国でも有数の森林県なのだ。ちなみに、その第一位の栄誉は、高知県に譲る。しかし、その統計書を読んでいくと、岐阜県の森林の内訳は、人工林が三七・一万ヘクタール、それ以外の森林が、四五・四万ヘクタールとある。

「人工林」は、いうまでもなく経済林で、そこでは、柱や板材などを収穫する目的で、人間にとって有用な樹木、とくにスギとヒノキなどが、植栽・保育・伐採・収穫される。岐阜県の人工林の面積率は四三%にも達するが、それでも全国で二六位にすぎない。いかに、日本の山に人工林が多いかがわかる。拡大造林が提唱されて、利用可能な場所は、ほとんどが人工林になってしまった。人工林は、人間の力が絶えずかかれば、保続的な森林となれるはずだ。しかし、現在では国産材の価格が低迷しており、林業家は自分の持ち山をどうするかに苦慮している。森林の保育不足から、造林木が広葉樹に負けた不成績造林地も、とくに高冷多雪地帯に出現している。

次に、人工林以外の森林として、「天然林」の面積について調べてみよう。実は、天然林の面積に関するデータは、なかなか手に入りにくい。しかし、自分で踏査したり、何百枚もの航空写真を調べるのは煩雑にすぎるので、国や県が指定した国立（定）公園などの区割りを当面の目安にせざるを得ない。これらの統計データと自分の頭をひっつけるためには、これまで歩いた経験がもとになる。

天然林の判定に、少し厳しめの基準をおくと、中部山岳国立公園特別地域一・九八万ヘクタール、白山国立公園特別地域一・四〇万ヘクタールのほかに、自然環境保全地域〇・三〇万ヘクタールと民有原生林〇・五一万ヘクタールがあげられた。ただし、これらの国立公園には、ブナ帯のほかに亜高山帯から高山帯が含まれている。高山帯は、森林限界以上の場所なので、あるいは、その一部の面積を、これらから除外すべきかもしれない。

以上により、集計された天然林の総面積は、計四・一九万ヘクタールで、岐阜県の県土の四％を占めるにすぎない。研究者がよくやる「統計的に五％の危険水準で……」という考え方を適用すれば、天然林は岐阜県にないに等しいのである。ただし、この天然林の面積集計法は、やや乱暴にすぎるので、もっと正確な把握を、誰かが早くやるべきであると思っている。しかし、天然林の面積が驚くほど少ないことは、紛れもない事実であろう。

岐阜県には、人工林が多く、天然林が少ないことはわかった。では、それらの残り四一・二万ヘクタールは、どのような森林が占めているのだろうか？　人工林でもなければ天然林でもないとすれば、それらは、一度は使われたことのある若い森林であり、言葉の定義上は、「二次林」または「天然生林」と呼ばれる森林である。

岐阜県の「二次林」には、コナラ・ミズナラ林がその面積の過半を占めている。また、優占樹種がはっきりせず、上層木が一〇種以上の樹木で構成されるような「混成林*」（私たちの造語）が約四割の面積を占めている。そのほかにも、シフカンバ林やサワグルミ林などが存在する。二次林は、一度人間の関与があってから、今日ではほとんどが放置されている森林である。奥山のかなり立派な森林でも、子細に調べると、近くに炭窯などの痕跡があり、人間の力がこんなところまでおよんでいたことを知って、愕然とすることがある。

それにしても、二次林は、なぜ放置されたのだろうか?、コナラやミズナラ林になっている薪炭林の例をあげよう。かつて昔、といってもほんの数十年前まで、木炭は日本の住まいの暖房の必需品であった。都市といえども町内に一つは炭屋さんがあって、リヤカーに炭俵を積んでいた、子供の頃よく見た光景を思い出す。そのうち、炭屋さんは廃業したり、プロパンガス屋さんに転業したりして、次第にその姿を町から消していった。炭からガス・石油の時代に移る、いわゆる燃料革命が私たちの目前で起こったのである。

炭は山から来る。小学生であった私が、父に連れられて、京都の北山にアマゴ釣りにゆくと、必ず山のあちこちから炭窯からのぼる青白い煙が、幾筋もみられたものである。炭窯を、小流域や山の斜面に設けて小面積の皆伐を行い、その場所が終わると次の場所に炭窯を設けて移動する。萌芽更新しやすいコナラやミズナラは、皆伐後も同じ切り株から枝条が発生して、いずれ大きな木に育つ。このような繰り返しの結果、コナラ林はコナラばかりになり株立ちした樹木が多い。現在みられるコナラ林やミズナラ林は、燃料革命以後に放棄された場所にある。

以上のように、岐阜県で二次林は、県土の半分近い面積を占めていたのである。おそらく、他府県の森林を調べても、二次林が多いという傾向に、変わりないに違いない。私たちを、広大な二次林が取り囲み、現在、それらは人間から半ば放棄されている。私たちが、二次林に関して、もっと深い知識をもつことは、重要である。なぜならば、二次林に、御岳の天然林のような持続性を期待することが、できるかどうかわからないためである。今日、林学や生態学にとって、人工林と天然林の狭間にある二次林の動態をつかむということが、重要な課題であると私は考えている。

5 使われすぎたマングローブ林

岐阜県から出て、外の話をする。二次林の問題は、なにも、日本の森林だけにかぎられはしない。幸いにして、私は、二〇年近くタイ国のマングローブ林（図2・7）の生産力と更新過程を研究する機会を得た。その経験をもとにして、東南アジアの森林について考えてみよう。

一九八一年に研究をはじめた当時、マングローブ林について知っている人は非常にかぎられており、林学教室の先生でさえ、マングローブ林がどのようなものであるかを知る人は少なかった。いまでは、高校生に自分の仕事を説明するときに、「マングローブ林の研究をやっています」といえば、充分話が通じるようになった。愛媛大学（当時）の荻野和彦先生の御指導を受けて、研究を行う機会を得た。

マングローブ林は、熱帯と亜熱帯の汽水域によくみられる森林で、潮が満ちると、幹まで海水に浸る環境で暮らしている。タコの足のような支柱根を幹から伸ばす、ヒルギ科の樹木がその象徴とされるが、実は、マングローブには、一〇〇種ぐらいの植物種が含まれており、その形態は様々である。海棲動物が森林の中に棲むという、ユニークな特徴をもち、根量の調査をしているときに、土の中か

図 2•7　南タイのマングローブ林
ラノン市郊外の二次林
この 30 年間に炭焼きに使われた場所で，現在では樹高が約 15m に達している．写真中央に人が立っている．

らエビや魚が出てきて驚いたこともある。

マングローブ林は、海の涵養源であり、そこには人間の食料となる魚介類が多いため、近年、マングローブ域の人口は増加した。ただし、近代医学が発達する以前、そこは、病気の巣窟であり、多くの人間が暮らせる状態ではなかった。したがって、マングローブ域での人間の定住性は、日本の村のように固定的な強さをもつものではない。そして、この二〇年間で、東南アジアの人口は上昇し続けた。

バンコクから南タイにかけての地域が、私のタイ王国での主な行動範囲である。二〇年間の人々の生活の今昔を比較するのに、一番印象的だったのが、なぜか、自動車の変化だった。初めてタイに行ったとき、朝、目覚めるのは、決まって、ものすごい自動車の排気音からであった。消音器のないトラックやバスが轟々と走り回る音が、日中でも町中で聞こえた。しかし、近頃、その轟音があまり聞こえなくなった。よく見ると、二〇年前に自動車の主流は、荷台に人や物を満載したピックアップ型だったのだが、いつのまにか立派なワゴン車が主流を占めるようになっていた。

このことに象徴されるように、経済発展により、タイの人々は物質的に豊かになっている。我々の野外調査を助けてくれる人夫さんは、決して高い賃金をもらっているとはいえないが、ある日見ると、立派なバイクに乗っていたりする。町から遠く離れたマングローブ域の水上家屋にさえ、テレビのアンテナが結構みられるようになった。

現代社会では、生活物資はお金を支払うことによって得られる。そして、生活が豊かになればなるほど、お金を儲けなければならない悪循環が生じる。南タイのように、一次産業以外の目立った産業がないところでは、人々の生活は、そのまま自然に圧力を加えることになる。たとえば、カセリート大学林学部のS・アクソンケオ教授によると、一九八六年までの二五年間で、マングローブ林の面積は、約五〇%になってしまった。エビの養殖池・農業用地・工業用地・住宅地などに、地目が変更されたことが、その減少の大原因となっている。木材販売で得られる土地あたりの収益性が低く、もはや人々の生活要求を、林業が満たせなくなったのである。

残されたマングローブ林にも、炭焼き産業という大きな人間の力がかかる。タイの農村では、一九八六年でも料理用エネルギーの五〇%が、木炭でまかなわれていた。また、マングローブ林の樹木の九〇％が、炭焼き用に使われていたということなので、製炭という産業圧が、マングローブ林に強い影響を与えていたことがわかる。

このような状況は、同じ場所で調査を行う私の眼にも、否応なく飛び込んでくる。マングローブ林が、刻々と劣化していく様子には眼に余るものがあり、何とかしなければならないという思いにかられた。そこでまず、製炭産業が、マングローブ林にどのような圧迫を加えていたかを、調べることにした。

タイ王国のマングローブ林は、そのすべてが国有地であって、政府の森林局から伐採権が業者に売り渡される。その業者は、割り当てられた場所から木材を伐採して、製炭に使う権利を得るとともに、伐採跡地にマングローブ苗を植栽する義務を課される。業者が、マングローブ林を伐採するときに、四〇メートル幅で、伐採地と保存地が交互になる帯状伐採形式をとる。一五年ごとに、ひと組の場所が交代するシステムをとる。

ここで、マングローブ林の命運を決めるのは、「森林局が決めた伐採量」―「炭焼き業者が実際に使用した木材量」―「マングローブ林の成長量」の三要素である（一九九二年、小見山）。これら三要素がバランスしておれば、マングローブ林は持続的に使用できるはずであるが、実状はどのようであったのだろうか？

首都バンコクから、南へ六〇〇キロメートル下ったところに、ラノンという静かな町がある。この地域は、タイ国でも、マングローブ林が最も発達するところである。まず、営林署担当区と炭焼き工場まわりをして、マングローブの伐採量と使用量を推定しようとした。

一九九〇年に、森林局が決めたラノン地区の伐採量は、木材の重さに換算すると、一ヘクタールあたり約一〇〇トンであった。一方、製炭業者が使用した木材量は、工場主から直接聞き出すことが困難であったので、実際に現場に行って炭焼き窯の容積と材の詰め方を調べた。一年あたりの窯使用回数を考慮すると、マングローブの使用量は、前の森林局が決めた伐採量とほぼ一致することがわかった。

しかし、問題は、マングローブ二次林の成長量にあった。ラノン地区のマングローブ二次林で、ヒルギ類の幹現存量を求めたところ、驚くべきことに、二〇年経過した林分でもその成長量は一四トンにすぎなかった。森林局のシステムでいくと、樹木は三〇年周期で伐採される。さらに、私たちが測定した毎年の幹成長量は四トンであり、それを考慮しても、三〇年生の森林の幹現存量は、五〇～六〇トン程度にすぎないのだ。

私たちの研究の結論をいうと、森林局が決めた伐採量にくらべて、マングローブ二次林の成長量はきわめて小さいということである。炭焼きに使用される大量の木材を、現在のマングローブ林は供給できないことがわかった。このままの状態で、マングローブ林を使い続けることは不可能であるが、もし使われた場合には、マングローブ林が疲弊して消失する事態も招きかねなかった。

実際に、この二〇年間で、タイ国のマングローブ林は大きく変わってしまった。一九八二年に、初めて私がラノンを訪れた時には、まだ、樹高四〇メートルもある天然林が残っていた。しかし、現在では、樹高がせいぜい二〇メートルくらいの二次林が、その全域を覆っている。森林局の人たちと一緒に書いた論文が、行政に反映されたかどうかはわからないけれど、現在、タイ国ではマングローブ林の商業伐採が全面的に禁止されている。

この時、不思議に感じたのは、森林局の専門家が、マングローブ二次林の成長量を、大きく見誤っていた点である。彼らが、計算の根拠にしたらしい文献を調べたところ、一〇〇トンを超す現存量*をもつ、三〇年生のマングローブ造林地が存在することがわかった。では、私たちの推定と彼らの推定で、どこに違いがあったかを考えることにした。結局、彼らが調べたマングローブ林は、管理と監視が行き届いた場所であった。それに対して、私たちが調べたラノン地区では、村の人々が炭焼き以外の目的で、活発にマングローブを利用していることがわかった。ラノン地区では、炭焼きという産業圧と、村の人たちによる用益権の行使が、重なってマングローブ林にかかっていたのである。これらの大きな力に、マングローブ林は耐えられなかったのだ（図2・8）。

ニュージーランドのV・J・チャップマンは、著書『マングローブ植生』の中で、様々なマングローブ植物の利用が、そこで暮らす人々の生活を支えてきたことを示している。ヒルギ科樹木の通直で堅い幹は、水上家屋の構造材に最適であるし、エリの材料としても優れている。釣りや網漁に使う様々な漁具が、マングローブ植物を利用して使われている。また、伝統的な医療に使う薬品の材料にもなるらしい。このような森林の用益権を停止することは、村の人たちの経済状態を考えると、彼らに生活をやめろというのと同じことになる。

ここに、森林管理の難しさがある。前節で述べたように日本の山では「放置」されることが問題になるのに対して、タイ国のマングローブ林は「使われすぎ」が問題となる。各国の情勢にあわせて、森林に生じる問題の性質は様々である。しかし、いずれの場合も、二次林が成長や更新の面で、どのような性質をもった森林であるかを明らかにすることが、問題解決の糸口になると考えられる。そし

図2•8　南タイ・ラノンのマングローブ林試験地にて
ある日，調査をしていると，木を伐る音がした．そこに行ってみると，二人の男が試験地で木を伐っている現場に遭遇した．彼らは，鋸と斧で大径のマングローブを伐採し，満潮を待って船に材を乗せて，炭焼き工場に運び出すつもりらしい．このような力で，ここのマングローブ林は急速に二次林化していった．(1983年にV. ジンタナ氏とともに撮影)

て、その中身には、社会科学の領域が入っていなければならないだろう。やはり、森林問題は一筋縄では解決できないということを、私は、このマングローブ林研究を通じて思い知らされた。

頼りない身ではあるが、やはり、劣化したタイ国のマングローブ林を何とか再生させたいという気持ちが、私には残った。私たちの研究室が、タイの人たちと一緒に行っている研究を紹介しておこう。

前述したように、南タイのマングローブ林は、各種の人間の力によって二次林化もしくは荒廃しかけている。その原因には、炭焼きのほかにエビ養殖池の造成、スズ鉱の露天掘りによる破壊などがあげられる。炭焼きは、マングローブ林を森林として維持しながら続けるのでまだよい。しかし、ほかの二つは、森林を土壌ぐるみ破壊してしまう力をもっている。

タイ国森林局によって、エビの養殖は、マングローブ林の内側で行うよう指導されている。しかし、これらの養殖池が、マングローブ林に大きな影響を与えていることは、否定できない。養殖池は、土手によって仕切られており、海水は、水門を通してしか池の内側に流入しないので、自然には起こらない流水経路が生じる。飛行機から南タイの沿岸を見ると、あたり一面が養殖池で覆われている光景に愕然とする。沿岸の環境は、養殖池によって、まったく作りかえられてしまったといっても過言ではない。エビは、日本などの外国にも送られ、市場の好不況がその生産量を左右する。そのうえ、養殖池には、病害が発生しやすく、エビが大量に死ぬリスクもはらんでいる。経済的な破綻が生じると、一瞬にして、エビの養殖池は放棄されてしまい、そこに残るのは、土手に区切られた公園の砂場のような光景である。

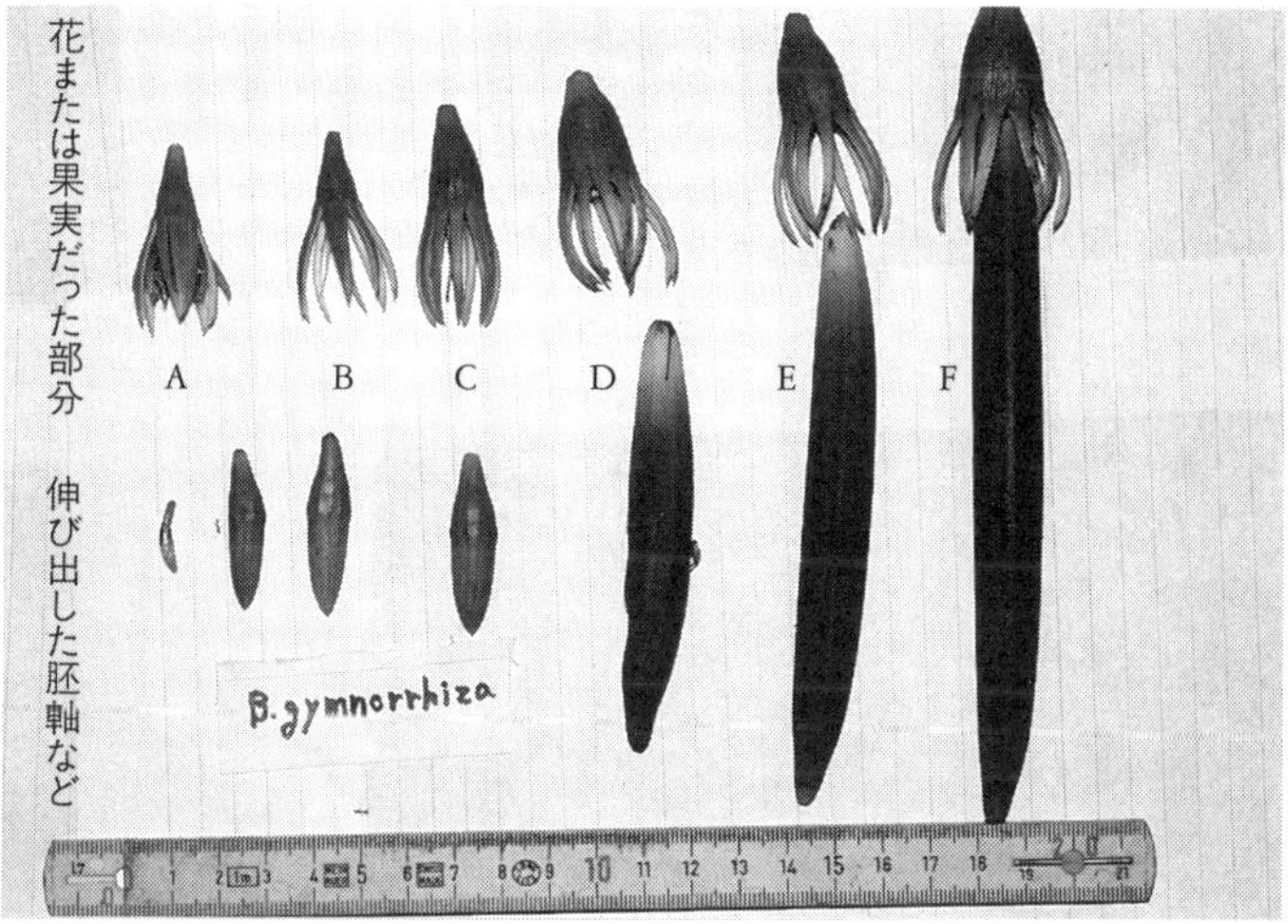

図2•9　オヒルギの胎生稚樹
A→Fの順に，樹上で稚樹が成熟してゆく.
この後，稚樹は親木から離れて落下する.
（撮影：守屋均氏）

「何もないよりは、何かがあった方がよい」というのは、単純すぎる考え方だろうか？　森林の造成には、天然更新による方法と人工更新による方法がある。天然更新は、自然に供給される種子や萌芽を使って、森林を再生させる方法である。天然更新は、そのまわりにある母樹が、種子を生産して散布することに依存している。樹木の種子散布は、重力・風・動物に頼ることが多い。しかし、マングローブ植物の多くは、水散布の様式をとっている。ヒルギ科の一部の樹種は、細長いキュウリのような形をした胎生稚樹*（タネと呼ぶことにしよう）を付ける（図2・9）。母樹から落ちた胎生稚樹が、槍のように地面に突き刺さるといわれているが、そのようなことは現実にはあまり起こらない。落下した場所が、水流にさらされない場合には、地面に横たわった胎生稚樹の末端が根を下ろして樹体を固定し、胚軸部が上方に湾曲した格好で立つ場合の方が多いようだ。

落下した場所に水流がある場合には、胎生稚樹に浮力があるので、水に流されて移動する。水流によって、タネはどれぐらいの範囲にまで散布されるのかという点が、よくわからなかった。そこで、ラノンにある幅一〇〇メートルほどの小河川で、五〇〇本のオオバヒルギ胎生稚樹をマーキングしたのちに、人為的に散布して、以降それらの胎生稚樹の位置を、実際に歩き回って、虱潰しに調べるという野蛮な実験を行った（一九九二年、一九九八年、小見山ら）。

中潮の満潮時に、母樹の下の水面に落とすと、潮の動きとともに、マークした胎生稚樹が、一斉に下流方向に向かって移動を開始した。放流地点から、数百メートルのところをうろうろしているものが非常に多かった。全体のうち六八本が、潮が止まるまでの約二時間に、一・三キロメートル以上を下降した。一潮で胎生稚樹が到達した最大距離は、二・五キロメートルであった。

ところが、ラノンでは一日に二回満潮が訪れる。次に潮が満ちてくると、浮いている胎生稚樹が、再び上流方向に移動を開始したのだ。しかし、放流地点を超えて上流側に移動するものは、ほとんど存在しなかった。このように、潮に同調して胎生稚樹は上流と下流を行き交い、そのうちに支柱根などの障害物に捕捉されて、その場所に定着する。すなわち、潮の干満に同調して、胎生稚樹の移動には、放流地点に対する移動の回帰性がみられたのである。ただし、この回帰性は完全なものではなく、放流した胎生稚樹の定着場所は、最初に放流した地点から下流に数百メートル以内である場合が多かった。

この実験で得た興味深い結果は、胎生稚樹が母樹から落ちるタイミングが、胎生稚樹の定着場所に大きな影響を与えることである。もし、胎生稚樹が、母樹から満潮後に落ちれば下流側で、干潮後に落ちれば上流側で、定着しやすい。また、大潮の時に落ちれば、水流が速くて移動距離も大きくなるし、潮位差が大きい環境で定着が行われることになる。このような潮の違いを、マングローブ植物は感知して、胎生稚樹を母胎から切り離しているのではないかという、いささかお伽噺めいた仮説を私はもっている。近い将来この仮説を検証してみたい。

結局、水流によって胎生稚樹は、思ったほど遠くまでは運ばれない、というのが実際のようである。近くに成熟した母樹林が存在しないかぎり、裸地化した場所が天然更新によって完全に再生することは望めない。ましてエビの養殖池跡のように、土手で土地が分断された場所では、水流によって胎生稚樹が内部に運びこまれることは、ごく稀にしか起こらないだろう。したがって、そのような場所にマングローブ林を再生させるためには、人工更新によって樹木を定着させる必要がある。しかし、これには「何かがあった方がよい」的な、安易な発想があったことを白状しておく。

人工植栽によるマングローブ造林法は、タイ国の森林官によって、南タイで数十年前から行われており、すでに技術的には整備されている(図2・10)。しかし、荒廃したマングローブ域を見ると、様々な点が気にかかる。とくに、腐植に富んだ泥地では、造林木の成長が良好であるのに対して、砂が多

図 2・10　マングローブ林の植林実験の風景（1992 年撮影）
母樹林で集めた胎生稚樹が，写真の右端に置かれている．写真中央の人物が，直線に沿って地面に穴をあけ，そこに胎生稚樹を，0.5m または 1m 間隔で植え込んでゆく．写真から想像できるように，この場所（東タイ・クンカベン湾）の基質は，砂が多くて硬い．しかし，現在では，立派に成林しており，この高密度試験区には，遊歩道まで設置されて，人々が自由に観察できるようになっている．

い場所ではそれがよくない点である。エビの養殖池や、すぐ後に述べるスズの採掘の跡には、砂地の基質が残される。

次に、土壌条件が変化することに、マングローブ苗がどのように反応するかを、調べることにした。そこで、スズの採掘跡地で行ったフタバナヒルギの植林実験（一九九六年、小見山ら）の様子を述べることにする。タイ国のマングローブ林は、どういうわけか、スズの鉱脈の上にある場合が多い。スズは比較的浅い土中にあり、それを採取するのに、大きな船形のプラントがマングローブ域を進み、土砂を前から飲み込み、後ろから吐き出す。ただし、このような光景は、スズの市場価格が下がったので、現在ではあまりみられない。このプラントが通った後には、表面の泥が流失した凸凹の砂地があらわれる。

ラノンのマングローブ林研究センターで、四〇メートル四方の植林地に、一メートル間隔で胎生稚樹を植栽して、地形と苗の成長量を測定した。ところが、地面の高さによって、苗の成長量に大きな差が生じていたのである。ただし、地面の高さの違いといっても、この実験地では、三五センチメートルの比高差しかなかった。地面が少しでも高いと、苗の死亡率は高くなり、その成長率が低いことがわかった。

よく考えると、日本のスギ造林地では、比高差が数十センチメートルあっても、スギ苗の成長に差が出るとは、とうてい考えられない。しかし、マングローブ林では、わずかな比高の違いが、海水の動きと関係して、土壌環境に大きな違いをもたらす。比高が高いほど、砂が多くなり地面が堅くなる。人間によって作り変えられた土壌では、マングローブを植林する際に、土性や地形に対する独特の配慮が必要であることがわかった。私たち人間がやったことだから仕方はないが、土壌を攪乱した後に森林を再生させるためには、何と面倒な処理を行わねばならないことか。

さらに、人工更新で森林を再生させるためには、充分な量の植栽苗を供給できるようにしておかねばならない。すでに、タイでは、森林局が全国四カ所にマングローブ苗供給センターを配置して、胎生稚樹の確保と造林地への供給体制を敷いている。しかし、将来、沿岸部に広大な荒廃地が生じると、莫大な量の苗が必要となることは明らかである。現在では、保護林から胎生稚樹を採取して苗畑に移して苗が育てられているが、広大な面積の造林を行う場合には深刻な苗不足が生じるであろう。

そのような苗不足の問題に対処するために、新しい苗の増産方法を考えてみた。それは、タイ国の森林局と私たちが協力して開発した、一本の胎生稚樹を三本に使える方法である。その方法とは、至って簡単なもので、胎生稚樹を上中下の三つの部分に切断して、それぞれを培養土に埋めると、発根してシュート*が伸びる。

私たちは、ヒルギの胎生稚樹を、もっと多数の部分に分割して苗になるかどうかを調べた。たいていのヒルギ科の樹木は、枝の部分を用いると、挿し木の発根性に乏しい。しかし、胎生稚樹を分割した部分を、挿し穂に用いると、発根が活発であることがわかった。ただし、あまり極端に短く分割すると、挿し穂の数は増えるのだが、発根率が極度に悪くなった。メヒルギを使った実験では、三センチメートルの長さに分割すると、従来の方法の二倍の苗木が生産できることがわかった（一九九八年、大西卓宏・小見山）。また、三分割苗を実際に造林地に植えてみても、三年後の成長量は通常苗にくらべて遜色はなかった（一九九八年、小見山ら）。

以上のように、マングローブ林の再生について、私たちは、いろいろな実験をし、考えもした。しかし、やはり、「何もないよりは、何かがあった方がよい」という単純な考え方は、いくつかの危険性を含むことがわかった。

まず、人工更新という方法は、特定の樹種のみを森林再生の材料に選びすぎている。理論面・実際面で制約が強いにせよ、他の動植物の再配置にまで考えが充分およんでいない。また、大きな攪乱を受けた場所では、本来のマングローブ林の状態から、土壌と地形が大きく変化していることに、注意を払わねばならない。樹木のみを再生できても、その森林で、本来、営まれている生物過程が再現されないままでは、その樹木一代かぎりの持続性がない森林を、作り上げてしまう恐れがある。さらに、樹木の苗を選ぶときに、樹種がもつ地域的な遺伝的特性を損なうような、やり方をしている可能性がある。

マングローブ林の中で営まれている生物課程と環境過程は、研究者がよってたかっても解き明かせないほど、多岐にわたるのである。刻々と森林の荒廃が進むことに、ジレンマを感じるけれど、それらを、一つずつ解き明かしてゆかねばならない。

＜余談その２＞

―マングローブ林での釣り―

私の最大の趣味である「釣り」について、書くことにする。森は水と離れられない存在であるから、どんな調査地に行ってもたいてい好釣り場が近くにある。とくに、マングローブ林は、もともと海のそばにあって、魚類の涵養源になっているといわれるほどで、私には堪えられない場所である。内緒だが、私がマングローブ林の調査を二〇年間も続けられた理由の一つは、明らかに釣りができることにある。

熱帯なので、昼間は猛烈な暑さで、しかも調査をやらなくてはいけないから、日曜日以外に昼釣りにゆくことはできず、たいていは夜釣りになる。昼の調査に使ったボートを操る船頭さんに、今夜釣りにつきあってくれと頼むと、たいていは快諾してくれる。南タイのラノンにあるマングローブ林研究センターでは、船頭さんは、ここに所属する人夫さんで、気心しれた若者である。仮に彼の名をS君としておこう。たいていは、午後6時頃に弁当を作ってくれて、S君が、同僚のK君と迎えに来てくれる。

センターの桟橋から船に乗って、いよいよ出漁である。木造のおんぼろ船で、いわゆるロングテイルボートといわれる、浅海用にスクリューが長く突き出た船である。夕日のなかを、入り組んだ水路に沿って船は進んでゆく。マングローブ林では、幅が五メートルぐらいの小水路が無数に交差しており、そこで生活している人たちでないと、ちょっとどこがどこかわからない。水は茶褐色に濁り、川底はまったく見えないが、船が通れるような深さの場所を選ぶのが結構難しい。

S君のたくみな操船によって船が進むうちに、視界が急に開けたと思うと、そこはもうガオ川の主流に入っている。対岸には、低いソネラティアの森が粘土質の泥の上に広がっており、かつてスズの採掘に使われたプラント船が二隻浅瀬に乗り上げている。外洋の方向に進むと、両岸はフタバナヒルギやオヒルギなどの二次林となり、それらの木が夕日を浴びて黄金色に輝く様はすばらしい。しばらくして、ガオ川の湾口にあるハッサイカオ村に着く。

ここは、私にとって思い出の場所である。二〇年ほど前にマングローブ林の生産力に関する調査に加えてもらい、苦しい根堀調査を行った森は、当時、樹高四〇メートルぐらいの大木が林立して鬱蒼とした状態であったが、いまでは、伐採の影響で所々にそのような大木が残っているにすぎない。ハッサイカオ村も、二〇軒あまりの家と小学校があったのだが、それらは、いずれも半ば捨てられて当時の面影はない。しかし、一キロメートルほど離れた場所には新しい村が出来ていた。ここからアンダマン海が開けてきて、対岸には、ミャンマーのビクトリアポイント市がすぐ近くに見える。船はさらに進み、ようやく海峡の真ん中にあるエリに到着する。

さて、いよいよ釣りにかかる。S君は海に突き出た二本の杭に船の両端をしっかりと結び、その間に私は釣り具の準備を行う。ちょうど、ミャンマーの漁師が、網を上げに来ていたので、エサ用に生きたエビを分けてもらおうとしたが、どうしてもお金を受け取ってくれない。ともかくも、新鮮なエサを入手できたので、意気込んで釣りはじめる。まだ、あたりは明るいが、漁師が帰った後は、広大な海にわれわれの船がいるだけである。海流はきわめて速く、まるで川のようだ。その流れの中を、一頭の小さな鯨が泳いでおり、ちょっと離れた水面には、イルカの群もいる。ごくまれに、サイチョウの群が、ミャンマーの島の方向に飛んでゆくのを見ることもある。

リール竿で、仕掛けを海に放り込んでアタリを待っていると、船尾で奇声があがり、見ると、S君が大ナマズを釣り上げている。ここのナマズには、毒のヒレが三本あって、これに刺されると、とんでもないことになるので注意しないといけない。急にコツコツとアタリがあって、やっと魚がかかった様子だが、あげてみると二〇センチメートルほどのエイであった。しばらくは、エイとナマズの入れ食い状態が続く。まわりが薄暗くなった頃に、ようやく竿先にゴツゴツとした動きがあって、合わせると、魚は強い力で左右に走り回る。あげてみると、三〇センチメートルぐらいのミナミクロダイである。型が小さいので不満はあるが、私はこの魚をねらって、はるばるアンダマン海まで来たのだ。実は、前の年にとんでもない悔しい思いをした。今回とは別の場所だったが、精巧な仕掛けでこの魚をねらっていたが、私には少しも釣れなかった。その時、K君が大魚を引っかけた。かれの野太い仕掛けであげられたのは、六〇センチメートルはあるミナミクロダイであった。黒みがかった銀箔色の魚体は、それから私の目に焼き付いて、一年間は離れなかった。

我に返ると、いつの間にか周囲は漆黒の世界となり、空を見上げると、満天の星が輝いている。見なれた星座も結構あって、北の空には、北斗七星やカシオペアがある。白い雲のような銀河が中天にかかり、白鳥座やこと座の星が、明るくまたたいている。南の方の空には、やはり知らない星が多い。しかし、時々は、カノープスや南十字星を見ることもある。濁った都会の空の上には、こんなにたくさんの星があったのだ。それから海の中にも星がある。杭に結わえられた船の水音だけが、ゴンゴンと聞こえる中で、水流の中に無数の明かりが見える。夜光虫だ。船が進むときに、澪筋は蛍光となり、まるでお伽話の世界にいるようで、海の霊気に満身が飲み込まれてしまう。

その時、竿先に大きなアタリがあった。竿が海に舞い込み、恐ろしい力に引っ張られて釣り糸が、リールからどんどん出てゆく。三〇メートルほど糸が出たところで、大魚は海底で一休みしたようだ。竿で引っ張ってもびくともしない。しばらくすると、大魚は凶暴な力で動き出し、糸はどんどん出てゆく。S君とK君のアドバイスを聞きながら、何とか魚を止めようとするのだが、どうにも止まらない。ついに、リールから糸が出きってしまい、パンという破裂音とともに、大魚は糸を引きずったまま、暗い海中に消えた。しばし茫然とする。あれはどんな魚だったのだろう。いや、ねらっていた超弩級のミナミクロダイに違いない。また逃げられてしまった。また来年もここに来よう。そして、夢のような世界でもう一度大魚に挑戦してみよう。

闇の海原に、あまり長くいるのも危険である。エンジンでも壊れたら、どうにもしようがない。実際、一度そのようなトラブルに見舞われたことがある。その時は、内陸よりの場所でエンジンが動かなくなったので、闇の海を、櫂でこいでようやく港にたどり着くことができた。そう思って、ガオ川に帰るようS君に指示する。あんまり悔しいので、水路にあるエリに、もう一度船をつけてもらう。ここのエリは三角形をしていて、短く伐ったマングローブの杭が、その周囲に挿されている。時刻はすでに一〇時をまわっている。釣りを再開するが、ナマズばかりで、ときたまイシモチやアナゴがかかる程度である。闇の中で一メートルほどのアカメが、小魚を追って泳ぎ回る音がする。しかし、この魚はまず釣れない。

突然、闇の中から、村人が乗る手こぎの小さな船がヌッとあらわれた。彼は、ひとりで夜釣りをしていたらしく、K君たちと何か話している。また、マングローブ林のほとりには、何隻かの船が、ライトを煌々とつけて動き回っている。船の舳先につけた網で、小エビをすくっているのだ。夜のマングローブ林は、結構、騒々しい場所である。

一二時になったので、帰航することにする。これ以上やると、明日の調査にさしつかえる。夜光虫につつまれた船が、入りくんだマングローブ林の中を進み、頭上から降り注ぐ星の光を浴びて船上に寝そべるのはまことに爽快である。われわれの船にはライトなどはなく、S君は驚異的な視力で闇の中の細い水路を見分けて、無事、センターのある場所に船をつけてくれた。

ここで、釣友のS君のことを書いておきたい。三〇歳のS君は、マングローブ林研究センターにいつも雇われている作業員、さらに正確にいえば臨時雇用の人夫さんである。一応は、毎日仕事が与えられ定収入はあるものの、一日の給金が五〇〇円程度なので、それで奥さんと息子ひとりを養うのはたいへんだっただろう。当時、奥さんは、センターの料理人をしており、釣った魚を上手に食べさせてくれた。また、彼の家族は、センターの宿舎で生活していた。S君は見るからに南タイの人の顔つきをしており、背が高くて、わりあい華奢に見えるが力は強い。センターは、常時一〇人以上の人夫さんを雇っていたが、そのなかで、S君ともうひとりが人夫頭なみに扱われていた。

S君は、短期大学のような学校を卒業しており、ほかの人夫さんとくらべると、英語の片言が話せるなど、少し違った面をもっていた。調査の時はすごく働き、片言といえども彼が話す英語は便利であるから、研究者には結構もてていたようだ。仕事の飲みこみがよく、樹種の学名を覚えるなど、賢さでは、たぶん日本の大学生にひけを取らないだろう。

そんなある日、センターの所長さんが、人夫頭をひとり決めたいが、誰がよいだろうという相談を私にもちかけた。彼には、すでに決めた人が居るらしく、聞いてみるとそれはもうひとりの方の人夫さんであった。その人も、実は、私の調査に二〇年間つきあってくれた友人であった。このセンターが出来たのは一九八三年のことで、当時は、建物などなく、だだっ広い丘にすぎなかった。その頃から、私は、ここのマングローブ林で調査を行っていた。そして、当時の私の人夫頭が、もうひとりの人だった。いわばS君は、それに遅れて人夫となったのであった。

人夫頭となる条件には、操船ができること、責任感が強いこと、そして人夫間で指導力があることにあった。ふたりとも、それらの条件を満たしていたが、悲しいことに、S君には仲間が少なかった。結局、所長さんが選んだのは、もうひとりの人夫さんであった。そのことがあってから、何となくS君の元気がなくなり、数年前、ついにセンターを辞めてしまった。私は正直いって淋しかった。船の上でしばしば経験した、S君が無条件で与えてくれる親切さと優しさには、日本では得られない何ものかがあった。このようにして、ラノンに行けばいつも会える友達、しかも大切な釣友を、私はひとり失ってしまった。聞くところによると、S君の奥さんがプケットで小さな料理店を開き、S君もそこで暮らしているということである。それ以来、S君には会えないままでいる。

第三章◎

荘川村六厩の森林

1　荘川村と六厩の歴史

岐阜市から国道一五六号線で長良川に沿って北上すると、途中、郡上八幡と白鳥（しろとり）を通過し、道はそのうち高度を上げて蛭ヶ野高原の分水嶺に至る。そこから、庄川を日本海側に少し下って、牧戸を東側にまがると国道一五八号線に入り、現在の荘川村の中心である役場（新淵）に至る。牧戸を西側にまがると、御母衣湖を通って、合掌作りの集落で有名な白川村に到達する。私が活動している荘川村は、そのような位置にある（図3・1および図2・3参照）。

調査地と大学の間を、何回往復しただろうか。数年前までは、国道を四時間ぐらいかけて、ようや

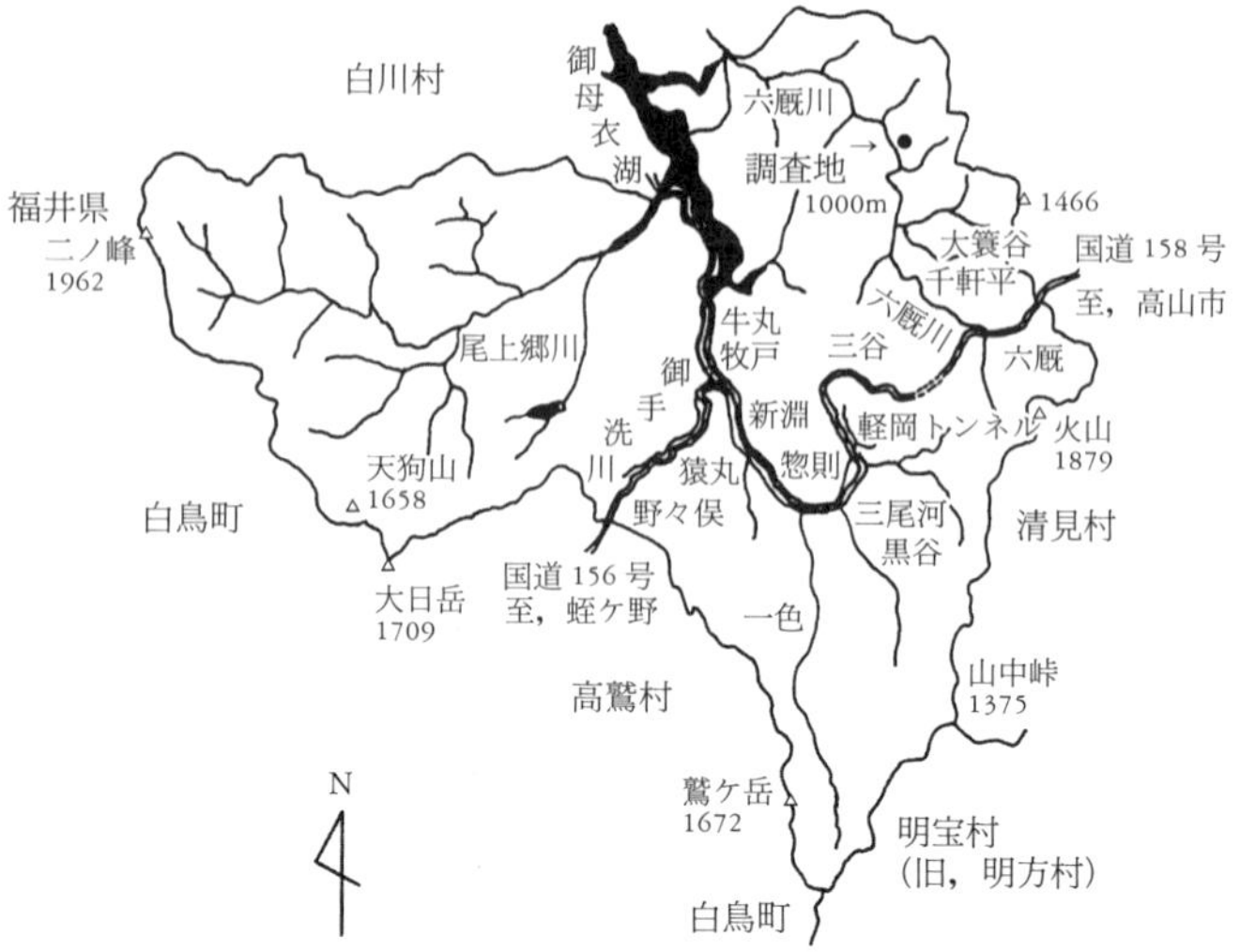

図 3・1　荘川村とその周辺

く荘川村にたどりついたのだが、今では、東海北陸自動車道という高速道路が出来て便利になった。その反面、以前には長い道中で眼にすることができた村々の光景に接する楽しみは失われ、人工的な道路の法面*ばかり見て、目的地に着くことになる。旧道を使っていたときには、古い家並みや、山の斜面に残っていたカヤ場が、どんなものであるかを見ることができた。そして、それらが、徐々に、道路建設などでつぶされてゆく様子も観察することができた。

当時、調査地に移動する車の中で、先輩教授の車中講義というのがあって、あそこが村の萱場で、オギというイネ科草本が、屋根葺きに用意されている場所であるとか、この県営牧場が作られた当初は、草の成長がよかったのだが、今は土が流れ出したとか、具体的にその場所に関わる因縁が聞けた。このような車中観察を通じて、昔の状態が、今の状態にまで、変化した経緯を知ることができたのである。

しかし、今のように、高速道路で空間をワープするような移動の仕方をすると、そのまわりで生じつつある村の変化については、何も理解できない恐れがある。そこで、六厩調査地の森林のことを書くまえに、現在の荘川村とはかなり違う、昔の暮らしぶりに触れておきたい。(第三章一節の多くの箇所は、岐阜県荘川村が編纂した『荘川村史』を参考にして書いた。一部、語法を変えて引用した部分を含む。)

荘川村の周辺で、どれくらい昔から、森林と人間の関係が深まったのかは明確でない。六厩から高山方面に少し行ったところに、門端(かどはし)の縄文遺跡がある。清見村の教育委員会の説明によると、昭和四四年(一九六九)に発掘された時に、八軒の住居跡と台付や把手付など、各地方に由来する多様な土器が見つかっている。これらの土器の存在は、ここに住んでいた人たちが、現在の信州・関西・東海・北陸と交流していたことを物語っている。彼らは、森林で、動植物を採集して暮らしていたのであろう。

縄文時代は、一万二〇〇〇年前の草創期から、三〇〇〇年前の晩期にまたがる長い時代であるが、小林達夫の著書『縄文人の世界』によると、ブナ・クリ・トチノキなどの堅果は、縄文人の重要な食べ物であり、とくにアク抜きを要さないクリは、栽培されていた可能性があるという。石川県の米泉遺跡では、集落を取り囲むクリの根株が発見されていることから、すでに、この時期から人工的な景観が存在していたとする説もある。また、ニワトコ・サルナシ・ケンポナシの実から、果実酒が生産されていた可能性があり、酒造りに向くような大きい実を付ける個体を選抜するという、育種的な営みもあったらしい。

六廐地域で、森林と人間の関係は古く縄文時代からはじまっていたと考えられるが、その関係が深まったのは、なんといっても、近世に入って「村」の骨格が出来上がってからのことであろう。

本来、「村」とは、小さい範囲で「家」の群がる状態を意味する言葉であり、家間には有機的なつながりがあった。現在の行政単位である市町村とは異なり、「村」の家々は、そこを共通の働き場所として、田植えや草刈りなど様々の共同作業を通じて結ばれていた。その構成員である常民は、「村」の生活に対して共同の責任をもっており、自然災害や病気などの災厄にあった場合には、助け合って互いの暮らしを守った。祭礼の時に「村境」に幟旗（のぼり）をたてるのは、そのような昔の共同体意識のあらわれであろう。「村境」は単に隣村との境界ではなく、自分たちの世界の限界のような強い意味があったと思われる。

「村」は、農民と、それ以外の職種（木地師・鍛冶屋などの職人、民間宗教人など）の人々で構成されており、農民でも古くからそこにいたものは、「草分け」と呼ばれて、特別の扱いを受けていた。「草分け」は、荒れ地を開墾して村の基礎を築いた人たちで、「村」の指導的階層である。荘川方面では、源氏や公家などに縁をもつ家系が、草分け的存在であったとされている。近くにある白川郷が平家の家系であるとされているのと、異なっている点が面白い。

「村」を構成する成人が、「一人前」の農作業ができるということが、「村」の維持にとって重要であった。共同慣行として行われる「モヤイ」（焼き畑などの共同生産制）・「ユイ」（等価労働力の交換共同制）・「テツダイ」（葬儀・屋根普請などの無約共同制）にとって、「一人前」の労働力は必須であり、「一人前」であることが、結婚や氏神の祭りに奉仕する資格でもあった。そのような労働力を供給できる家を、「一軒前」または「一戸前」と呼ぶ。そういう家々が、「入会（いりあい）権」を所有して、「村」の中枢を構成していた。祭礼・仏事・人間の移動、争いごとの裁定、農作業などのとりきめは、「村寄り合い」という組織が行っていた。

現在の荘川村の行政区画は、以前にあった一色村・寺河戸村・惣則村・牧戸村など、多くの昔の「村」を統合（明治八年）したものである。これらの地名は、いまは「区」または「大字」として残されている、本来の「村」とは、現代の私たちがイメージする以上に、まとまりのよい小地域のことをいうようである。「村」の内部での人々の結束は、非常に固かったはずである。

かぎられた耕作地面積しかもたなかった「村」では、新規ものの参入や、分家などは厳しく監視・制限されていた。一般論として、「村」がもつ閉鎖性は、現在も残っているようである。その源は、このような共同意識と生産条件にあると考えられる。入会山は、「ナカマ山」・「モヤイ山」・「ムラヤマ」・「惣持山」とも呼ばれ、古い時代の山野を共有するしきたりが、そこに残されていた。「入会」は、「村」の山を、その住民が共同使用するのが通常であるが、村持ちの山へ他村が入会しあう形式の山もあった。飛騨は天領であったので、土地の私有権は公に認められていなかったが、山稼ぎすなわち用益権は認められていた。家作木の採取、薪炭材の伐採、肥料・飼料草・屋根萱の採取がそれである。とくに薪山は、クジビキで各戸に分配され、名主への謝礼として一戸前分が渡された。木の実（トチノキ・クリ・アケビなど）の採取は、一種の解禁日（クチアケ）を定めて、その日の後はある程度自由に行われた。入会山は明治四年（一八七一）に公有林に指定され、現在もこの所有形態が続いている。

私たちが調査地を設けた六厩地区は、以前の「六厩村」で、さらに古くは「口六厩」とも呼ばれていたらしい。「口」というのは、高山から荘白川への入り口という意味である。ここには大昔に長者の家があって、牛や馬をたくさん飼っており、庄川をまたぐ六つの厩（うまや）をもっていたのだそうだ。また、高山から白川へ抜ける街道の馬次場として、旅人をとめる宿があって、荷物を運ぶための人夫や牛馬が用意され、一時は宿場として栄えたこともあったという。荘川の中でも標高が高く、夏でも涼しい場所である。一九三九年二月一一日に、ここで観測された気温は、摂氏マイナス二五・五度というすさまじい寒さで、これは本州での最低気温の記録となっている。

「六厩村」の中心から庄川を数キロメートル下ったところに「千軒平（原）」という地名が残っている。昔、このあたりには金山があり、家が千軒もあったという伝説がある（現在は別荘が千軒（?）ある）。私たちの森林調査地は、千軒平の下流に位置するが、付近にはいまでもしっかりした坑道の入り口を、二カ所以上も見つけることができる。このあたりは、地面も掘り返した後のように、不規則な凸凹に富み、川から坑道まで作業道の跡すらはっきり残っている。これらの坑道は、数百年もたったものではなさそうに見える。

かつて、飛驒は鉱山の国であった。その特徴は現在まで続いており、いまも神岡には、大きな鉱山が操業している。鉱山の開発は、豊臣秀吉と徳川家康に仕えた金森長近の事業に端を発している。金森氏は、天正一三年（一五八五）に越前大野から攻め入って飛騨を統一し、伝説的な金山師である茂住宗貞を起用して、彼を金山奉行に任じた。六厩の白山神社に伝わる古文書によると、高原郷茂住村に一人の浪人風の男がしばらく逗留し、村人たちは不思議な男と思ったが、人相も悪くないし読み書き算盤も達者なので、親切にもてなした。だんだん話すうちに、彼の生まれは越前大野で、金・銀・銅・鉛の鉱山を経営する山師であることがわかった。これが茂住宗貞だった。

宗貞は金森氏に任用された後、飛騨各地の鉱山開発に手腕を発揮したが、荘川村上滝と六厩の金山も、彼によって発見されたという。高山陣屋での、彼の繁栄ぶりがいまに伝わっている。そのうち、鉱山奉行たちの不遜な態度をとがめられて、宗貞の同僚が暗殺されたのを契機に、彼は越前に去ったという。

上滝地区では、慶長二〇年（一六一五）頃に、大雨で山抜けが起こり、金砂を含んだ土砂が荘川村牛丸まで押し出し、砂金採取のゴールドラッシュのような状態になった。六厩は、寛永九年（一六六九）ごろから、数百人の鉱夫を使って良質の金を産出した。一七世紀の後半に、荘川の牛丸村には、鉱山大会所が設けられ、一〇〇〇軒あまり二千数百人が集まる鉱山街を呈したと伝えられている。

そして、飛騨の御料林は、金森氏の転封とともに幕府の直轄領（天領）となり、飛騨代官所の管轄するところとなった。天領では、基本的に山はすべて公のものであり、民有はいっさい認められなかった。これ以降の六厩金山について、村史には何も記載されていないが、聞くところによると、この付近の採掘権は今でも大手の鉱山会社が握っているとのことである。

次に、「村」の暮らしで山や森に関係のある部分を、荘川村が編纂した『荘川村史』から抜き出してみよう。

「村」には、農耕民のほかに、様々な業を行う人たちがいた。山仕事に従事する杣・木挽き・木地師・猟師たちは、農耕民とは少し違った生活様式や生活感情をもっていた。山には、樹木・野草や獣・魚の恵みがある。このうち、獣と魚には猟を生業とするものがいて、ツキノワグマ・イノシシ・ウサギ・タヌキ・キツネなどの獣や、キジ・ヤマドリ・アトリ・ツグミなどの鳥類、マス・イワナ・アマゴ・アユなどの魚をとっていた。村史には、いろいろな猟法が図入りで出ていて面白い。

そのような人たちの中で、圧倒的に多かったのは、樹木や野草、そして山の場所そのものを利用し生業を行っていた人々である。かれらは木材生産に関わり、祟りをもたらす山の支配者である「山の神」を信じていた。信仰のあかしとして「しきたり」が守られ、たとえば、伐木に先立って御神酒と五平餅が供えられた。一二月一二日は、「山の神（十二様）」の祭礼である。また、二本の木の幹が合体した「マドギ」など、特殊な形態の樹木を伐ることは禁忌とし、巨木には木霊が宿るとして伐ることをためらった。

荘川にはムマイスギの天然林があったが、この禁忌に触れる「夫婦杉」だけは伐採を免れて現在も残っている。杣や山人夫は、山小屋を根城にして、一〇人から二〇人ぐらいが共同生活をした。山小屋には厳しい掟があって、わがままは絶対に許されなかった。筵一枚分だけが、住居の中で自分の自由になる場所であった。炊事は小屋番の夫婦者が行い、一人一日七合五勺の飯と、味噌汁だけがおかずで、野菜や魚などは月に一度の荷揚げの時だけ食べられた。そのような質素な食生活を補うために、毎月一日の「オヒマチ」の日には酒が出されたり、彼岸の中日に山を下りる楽しみも用意されていた。

庄川筋の木材の伐採作業は、親方の下に庄屋という指揮者がいて、その下にいる小庄屋が山人夫たちの現場監督を行った。杣の古老の一人は、「一四才で杣見習いとして山に入り、二〇才頃まで厳しく仕込まれた。さらに杣頭にしたがって越前や信州の奥へ行って働き、二五才になってようやく一人前の杣になった」と話している。彼らは、モモヒキ・ハッピ・ワラジをまとい、カモシカの毛皮のシリアテを腰に下げ、道具としてはヨキ（斧）・ナタ（鉈）・カマ（鎌）・オオトビなどを使った。材木は、山の傾斜を利用して木を敷き詰めたシュラ道ですべり落としたり、丸太を横に並べたキンマを使って、山から搬出した。初期の林業は、自然の森林からよい木材だけを収奪していたのであって、植林がともなう林業は少なかった。

材木を川に流すことも運材の主流で、「バラナガシ」（木材をばらばらに流す方法）・「クダナガシ」（簡単ないかだを組んで流す方法）によって、それらは富山県の庄川町まで流送された。しかし、大正一四年に大同電力株式会社が、庄川の下流である小牧と祖山に発電所の建設に着手し、ダムによって流送の経路が閉ざされた。このことは、道路による輸送手段がなかった当時の運材にとって死活問題であり、ついに飛州木材（株）がダム建設に認可を与えた富山県知事に対して、認可取り消し請求の行政訴訟に踏み切った。

これがこの地域で有名な「庄川流木事件」である。この結果、内務省の調停のもとに、電力会社から岐阜県に対して寄付金が払われ、それで白鳥・牧戸間の延長三二キロメートルの道路(二〇〇万円道路と呼ばれていたそうだ)が県営事業により出来上がった。ようやく、岐阜市方面へ向かう、交通の動脈が通じたのである。現在、私たちが荘川村にゆくのに使っている道路には、このような山と森に関わる来歴があったのだ。

山の樹木は、売り物になるばかりでなく、人々の日常の暮らしにとっても欠くことのできないものであった。とくに、冬の暖を与える物資であった。「ハルキ」は、長さ四尺五寸に切った薪のことである。一〇人家族で一年間に必要な薪は、ハルキを縦横一丈(約三メートル)に積んだ量だそうである。「ハルキヤマ」は、主として入会地にあり、ナラ類・ホオノキ・クリなどを、そこから旧暦の一月に雪の中で伐り出し、ヨキで割ってハルキ棚に積んだ。ハルキは、山でその年の暮れまで乾燥させておいて、雪の上を橇でひいて家の近くに移された。この薪で料理をしたり暖をとって、荘川村の人々は生活していたのである。

燃材として、薪よりも便利なものに木炭がある。しかし、木炭が使われだしたのは比較的新しいことで、意外にも、明治以後に全国に広がったということである。炭焼きは、木材を炭化させる技術であり、木炭は軽くて貯蔵と運搬に便利な性質をもつ。しかも、火力が強い。村で日常生活に使うのではなく、むしろ、町などに売って村人が現金を得る手段の一つであったのだ。

荘川で使われていた炭窯は、山の斜面を利用した掘り込み窯で、四〇俵から八〇俵までの大きさがあった。四〇俵窯は、間口と奥行き三・六メートル、高さ一・二メートルの大きさがある。ナラ材を縦に並べて積み焚き口を燃やし、窯の内部に外気が入らないようにして、四～五日間放置した後に焚き口を壊して、焼き上がった木炭を取り出すのである。六厩や野々俣の金山、三谷や三尾河の銅山が盛んな頃には、鉱業用の白炭（シロズミ）の需要が多かったという。

また、戦後の物資不足は、再び木炭需要を起こした。荘川村の木炭生産高は、昭和二三年には、三万四〇三九俵にも達した（一俵は木炭約一五キログラムに相当する）。木炭を作るのに、材質の堅いコナラやミズナラが多い山は珍重されたが、これらの樹種は、切り株から萌芽がでやすいので、ある程度繰り返して、同じ森を使うことができる。数年間で数ヘクタールの山を皆伐状に伐採して、炭焼きを繰り返した。こののち、古い炭窯を放棄し、次の山で新しい炭窯を作って、周囲の木を伐採するという作業が繰り返された。

ここで少し場所を変え、紀伊半島で林業活動をしていた宇江敏勝氏の著書から、炭焼きの暮らしぶりを紹介する。宇江氏は、昭和時代の林業を、文学青年でもあった働き盛りの頃に経験した炭焼きと拡大造林（後述）から、林業がしだいに斜陽化して行く顛末まで、自分の眼を通して書いている。

西ン谷（和歌山県・日置川の支流の地名）は、宇江氏の父上が、昭和三二年前後の数年間に炭を焼いていた場所である。この本には、父上が数年間隔で山を転々と変えていたことが書かれているが、炭焼きもまた移動の激しい仕事である。当時、父上は西ン谷の山小屋で炭焼きをし、母上は里の家で幼い子供たちの世話をしていた。敏勝氏は、地方紙の見習記者を三ヶ月でやめ、西ン谷の炭焼きに戻ってきたのだった。

この流域一八〇ヘクタールの天然林には、一〇基ばかりの炭焼き窯があったというので、一つの窯の守備範囲は、およそ二〇ヘクタールほどであっただろう。また、窯で紀州備長炭を焼いていたというから、周囲にはウバメガシが生えていたのであろう。本書の舞台「荘川」より、気温がずっと暖かい場所のことである。小屋と窯は、ナメ滝から数十メートル上にあったが、父上が敏勝氏のために三〇〇メートル上方に腰窯を作ってくれた。

「腰」というのは山の中腹のことである。窯の位置にとって重要なのは、周辺の山から原木*を集める便利さにある。原木の運搬方法は、斜面を使って落としたり肩に担いだりして、要するに上から下におろした。つまり、窯の位置は山麓が適当なのである。しかし、山麓から尾根まで相当の距離があって「木寄せ（運搬）」に手間がかかる場合には、山の腰にもう一つの窯をこしらえたのだ。

「腰窯」は、原木を集める範囲が狭くて、窯も小さいことが多く、いわば炭焼き入門用の場所であった。炭焼き小屋と窯の建築資材は、すべて付近の山林で集めた。小屋の大きさを三畳一間として、二畳は床に、残りは囲炉裏と土間にする。斜面を平坦にして、山の上側の一方は石垣壁にして小屋柱を建て、いわゆる掘ったて小屋を造るのである。明かりは石油ランプを使い、氏はここで、青春時代を、読書や短歌作りで過ごした。

すまいを建てると、次は窯作りであるが、その場所に古い窯があるとそれを再生することが多かったという。紀州備長炭の場合は、一窯で四十数俵の炭を焼く。手作業で掘り出したり砕いたりした岩で窯の胴を作り、赤土を塗り込めて密封性を強くする。窯には屋根をかけた。一〇日ほどで窯が完成したところで、原木集めにはいる。

周囲の山で木を伐り、窯の高さにそろえて玉切った木を寄せ、それらを窯に縦に詰める。詰めた木を、今度は、横に太い木を打ち込んで固定する。さらに、その上に短く切った木を、横方向に詰めて行く。木の長さを加減して、窯天井のなだらかなカーブに合わせるのである。天井置きでもって窯は完成し、はじめて焚き口に火が入る。ここまで約一ヶ月が経過しているが、この日は山の神をまつり酒や肴も特別に用意される。それから一〇日ほどは、毎日、口焚きが続けられ、徐々に熱で窯の天井を干し固めるのである。天井を置いてから、二〇日ほどで炭が焼けた。窯出しの後にすぐ入れる次の窯一杯分の木も、すでに用意されている。このような作業を、氏はここで約一年間繰り返した。(以上は宇江敏勝著『昭和林業私史―わが棲みあとを訪ねて―』、一九八八年、農山漁村文化協会刊、人間選書を参考にして書いた。一部、語法を変えて引用した部分を含む。)

もう一度荘川に戻って、今度は焼き畑について調べることにする。「焼き畑(ナギハタ)」は、山の樹木をその場で焼き払って、それらに含まれる養分を灰にして雑穀類を栽培する方法である。冷涼な気候をもつ荘川村では、水田に適する場所に恵まれず、そのために飛騨地方では、最も多くの焼き畑があった。比較的最近(おそらく第二次人戦前後)まで、焼き畑は、この地域の食生活を支える場所そのものであったのだ。

焼き畑は、数年間作付けして土地の養分が乏しくなると、畑作を放棄して休閑地とした。何年かして、休閑地に再生した森をふたたび焼き払って、アワ・ヒエ・ソバ・エゴマ・大豆・小豆などの雑穀の畑にする。このような作業を、場所を変えて繰り返すために、「焼き畑」は、外国では「移動農耕」とも呼ばれている。

焼き畑の手順は、まず、前の年の秋に雑木を切り払って、翌春まで放置して乾燥させる。ついで、枝先が山側に来るように木を切り倒す。これは、焼いた灰が、少しでも斜面の上側にたまるように、また、雨で土が流れ落ちるのを防ぐためである。ナラ類（コナラ・ミズナラ）の木は、薪にするため火入れの前に伐り、「ハルキダナ」に積む。残りの木は、旧暦の四月頃に焼くのだが、何十ヘクタールもの面積を焼くには、延焼を防ぐために、幅二から三メートルの防火線（燃えるもののない地帯）を築かねばならない。火入れは、山の上の方からはじめ、下に向かって焼いてゆく。下から焼くと充分に焼けない。この火入れ作業は、多くの人手が入るので「モヤイ」または「ユイ」によって行われる。

火入れが終了すると、御神酒を山の神に供えて、作業の無事を祝った。焼き畑の土の耕起は、土が流れ出ないぐらいに浅く行い、播種は雑穀類をばら蒔きにして、地表四〜五センチメートルぐらいに、クワで平打ちして覆土する。六月の終わり頃に、第一回目の除草（イワナギ）を行い、第二回目は秋の彼岸前に行う（タナグサトリ）。火入れの初年はヒエを作るが、次年からはアワを交え、三年以降は大豆・小豆・エゴマなどを作付けする。火入れ三年後が、生産力が最も高い時期とされ、五から六年たつと休耕して採草地として使う。休耕後一〇年ぐらいで、再び火入れして焼き畑とする。

人口の増加にともない、在所の近くはほとんど耕作しつくされてしまい、標高一〇〇〇メートル以上の場所にまで、焼き畑が出来た。はるばる郡上郡の明方村まで、焼き畑を作りに出かけていたともいわれる。焼き畑の収穫量はきわめて少なく、ヒエ四〇〇石の収穫をあげるためには、十数戸の農家で二〇ヘクタールが必要であった。

「焼き畑」は、収穫が少ない割に多大な労力が必要で、その場所への行き来や蚊・アブ・イノシシ・渡り鳥などの獣害にも耐えねばならなかった。高所のナギハタに農具や肥料を運ぶときは、人の肩と馬の背に頼るほかはなく、足袋すら贅沢とされ、素足にワラジで霜の降りた道を登った。せっかく収穫期を迎えたエゴマが、一晩でアトリの大群に食い尽くされることも、しばしばであったという。そのうえ「焼き畑」は、その領有権が明確でなく、隣村同士の境界争い（山論）が執拗に繰り返された。明治初年の荘川村における焼き畑面積は二三三ヘクタールあまりで、ヒエの生産量は三八四二石あまりであった。この時に生産された米は、わずか三八〇石で、ヒエの一〇％にも満たない。

「焼き畑」に対して、決まった場所で連作する「定畑」は、家の近くにあることが多く、昔は菜園のほかに、桑・麻なども栽培した。当時、稲田は少なく稗田が大部分で、「ノツボ」に糞尿やコクソ（蚕糞）・若草などを混ぜて、発酵させ畑に施肥した。貴重な田畑で少しでも収穫をあげるために、「ムクリウチ」といって、厩肥を畦間に入れて、もぐら（ムクリ）のように畦を壊しては新しい畦を作っていく耕作方法もあった。

明治以降になって、これらの民有地一万四二〇四ヘクタールは、一転して植林地に切り替えられた。荘川の山林面積三万一二一二ヘクタールのうち、約半分におよぶ国有林でも、それは同じであった。明治二〇年頃には、美濃や越中方面から木材商人が進出して、山林開発が行われるようになった。六厩地区の軽岡峠付近では、明治三五年頃から植林が開始され、四一年には庄川木材会社が設立されて本格的な林業時代に入った。大正から昭和のはじめにかけて、飛州木材(株)が、この地域の山林開発をさらに強力に推進した。昭和三年頃には、いままではあまり使えなかったブナ材が、合板に使用されるようになった。そのために、六厩川と尾上郷川に森林軌道が敷設され、営林署直営による大規模な天然林の伐採が始った。

広葉樹の伐採は、農閑期である冬の積雪を利用し行われるので、農家にとってよい現金収入源となった。林業者が、現金で雇用される時代に突入したのである。昭和一五年には、林業による収益が村の五〇%を占めるようになり、一七年には、荘川村森林組合が結成されて、林道開発と植林事業を積極的に推進した。戦後、木材需要が激増したために、山林開発はさらに激化し、トラック輸送の便が出来たことも加わって、山は乱伐に近い状態になった。民有林の木材蓄積量が、従来の四分の一にまで低下したことへの対策として、民有林の植林事業が推奨され、国有林(荘川営林署)ではいわゆる「拡大造林」時代の到来を迎えた。

「拡大造林」政策とは、昭和三三年に立案されたもので、以降四〇年間で森林の生産力が二倍になるように、生産力が低い(と思われていた)天然林を、スギ・ヒノキなどの造林地に転換しようとしたものである。主として皆伐一斉造林方式によって、地拵え*—植栽—除伐*—間伐*—枝打ち*—主伐*、を繰り返す施業体系をもつ。その政策には、林道開設による作業効率化、林地肥培*による造林木の成長促進、製品事業体の設置などが盛りこまれていた。

現在、国有林の財政状態は危機的であるとさえいわれるが、この問題は、この時期に由来しているのである。単一樹種の植栽が、集約的な施業を可能にし、製品に向いた樹木がより多く生産されることは事実である。しかし、木材価格が様々の経済事情により極端に低下して、経営が行き詰まってしまった。木材の貿易自由化により、いまや、太平洋を越えて運ばれた外材が、近くで出来る国産材よりも安価であるという奇現象があらわれるようになった。同時に、スギやヒノキの単純林が大面積を占めることで、森林における生物の多様性が低下し、保水力などの点で天然林より防災機能面で劣る、ということがいわれはじめている。

ふたたび、宇江敏勝氏の著書『昭和林業私史』から、当時の拡大造林の状況を学びたい。

紀伊半島・果無山脈の南側のナメラ谷流域三〇五ヘクタールに、一〇年計画の造林事業がはじまったのは、昭和四一年のことであった。その前年に、地元の森林組合と近野（ちかの）振興会（財産区、もとの入会山）が、共同で植林を行うことになったのである。宇江敏勝氏は、森林作業班に入って造林の下準備に取りかかった。

林道の終点から最奥の尾根まで歩くのに、片道一時間半を要したが、毎日、里から通って測量を行った。もとはブナやミズナラやヒメシャラの天然林で、山ビルが多いのに難儀したという。林道と山小屋をつなぐ歩道や、作業道を新設して、伐採跡地に植林を行った（この時点で天然林はすでに伐採されていたのである）。作業道や尾根や沢を目安に、場所を区切り、まず地拵えを行う。当時、二級酒一升五五〇円の時代に、この作業で日当一七〇〇円を得たという。地拵えは、天然林の伐採跡地に木の残骸が転がっているので、それらをまとめて、棚の形に積み上げて片づける大変な作業だった。

氏は、山小屋の中で夜は社会派の小説を読みふける毎日を過ごした。作業班の仲間は、山仕事を一生の仕事としてやっていこうと、腹をくくった連中ばかりであったという。秋から冬にかけて地拵えをし、春になると植林である。植林の前には、仮植畑でスギ苗を二〇アールばかり作り、三月半ばにそれらの植え付けを行った。臨時の作業者も加わって、一人一日平均四五〇本の苗の植栽をノルマとして、二八万本を実働三〇日間で五月までに植栽した。植え賃は一本七円だったそうだ。小石の多いガレ場の植林には難渋した。山の尾根近くには、クマザサが密生しており、それを毎年鎌で刈る。それが大変だからといって、薬品を散布したところ、嘔吐者が続出してその散布をやめたという。当時の下刈りは、大変な作業であったと思われるが、現在では便利なエンジン付きの鎌が使われている。

このナメラ谷では、続く昭和四四年に、造林可能な一七七ヘクタールの植林を完成した。この時期は、わが国が戦後行っていた大規模造林の最後の時期であって、四七年頃からは、縮小へ急激に向かうのである。宇江氏は、この二〇年後に当地を訪れているが、そこにみられたのは、手入れ不足に陥ったスギ林であった。実は、昭和四七年に、この地は民間の会社に転売されていた。地元の山としての愛着がもたれなかったために、氏は、そのような状態に至ったと考えておられる。（以上は宇江敏勝著『昭和林業私史―わが棲みあとを訪ねて―』、一九八八年、農山漁村文化協会刊、人間選書を参考にして書いた。一部、語法を変えて引用した部分を含む。）

ここで、山村の現況について、さらに検討を進めてみよう。一般的に、現在の山村で最も大きな問題になっているのは、疑いなく過疎と老齢化である。経済効果ばかりを評価し、それが低いという理由だけで、日本の社会は農林業に冷淡になってしまった。そして、農林業の低迷は、山村の労働意欲を著しく低め、働く場所すら人々から奪おうという状態になりかけている。山村の活力は、大いに低下していた。そんなおり、昭和三八年に大豪雪（さんぱち豪雪）が全国を襲った。

この豪雪は、飛騨・美濃でも猛威をふるい、山村を結ぶ道路は雪に閉ざされ、通信と電気がまったく使えない陸の孤島のような状態になった（岐阜新聞、平成一一年六月二九日の特集記事）。この年の雪の振り方は異常で、蚕が桑の葉を食べるような雪の降る音が聞こえた。飛騨では、このような音がするときに、大災害が起こるという伝承がある。はたして、正月の六日から二月下旬にまで、重い雪が断続的に降り続け、各地で三メートル近い積雪となった。さらに深い雪に覆われた山村では、数ヶ月間にわたって不安に満ちた暮らしを強いられた。

この約二〇年後におきた、昭和五六年の豪雪（ごうろく豪雪）のことは、私も岐阜大学にいたのでよく覚えている。当時、岐阜大学の付属演習林（益田郡萩原町）には、若いスギやヒノキの造林地がたくさんあった。そのほとんどが、春に重い雪が降ったために曲がってしまい、これらを立て直す作業、「木起こし」が必要になった。なにせ、面積が膨大なので、演習林の人たちだけでは、とうてい復旧は見込めなかった。木起こしに使うワラ縄が、各地で使われるために払底して、市場から姿を消したほどである。窮余の策として、急遽、学生実習が「木起こし実習」に振り替えられ、林学科の学生三〇名と教官技官で、数ヶ月にわたって分散しながら演習林に入った。この努力のおかげで、演習林の造林地は救われ、豪雪の影響を受けた林も、現在では立派な林に育っている。

当時の林学科の学生さんたちは偉かった。彼らの献身的努力おかげで、演習林の危機は回避できた。人数を多くもつ大学では、そのような対応が可能であったのであるが、労働力をもたない民地では、造林地が一気に劣化した。これらの豪雪をきっかけにして、不成績化した造林地も多い。村の人たちの落胆ぶりが、察せられる。台風のような自然災害もまた、山村に目に見える変化をもたらした。昭和三四年に中部地方を襲った伊勢湾台風は、町にも被害をもたらしたが、山に多量の風倒木や崩壊地を残した。これを契機に、災害復旧や風倒木の処理としての木材取引が盛んに行われた。

大きな自然災害は、村の形態をも変えてしまい、自分の森林を放棄するきっかけにもなる。前述の「さんぱち豪雪」をきっかけにして、全国的な傾向として、離村して便利な都市域へ移住する人が増えた。村に残された人も、多くがゴルフ場やスキー場などの観光開発に従事したり、建設業や自動車産業によって、生計を建てなければならない状態になった。また、村の土地そのものも、いくらかが、観光業者や別荘開発の不動産業者に譲渡され、村の土地が虫食い状態になるという現状をもたらしている。

これらの結果として、人間から見放され、放棄された森林が増した。かつて、人間があれだけ手を入れていた場所には、もはや誰も行かなくなった。植林が行われることも、少なくなった。また、既存の人工林でも、労働力不足で間伐や除伐ができなくなった。いまでは、高海抜地にある若い造林地が、手入れ不足のために、落葉広葉樹林に変化するという現象まであらわれはじめている。一口にいうと、現在は、森林放棄の時代である。人工林の経済価値の低下がきっかけとなり、そこに働く人の力が弱まり、さらには、管理が必要な段階の人工林までが劣化している。

もともと、林業が持続的に経営できるという思想の裏には、法正林という考え方があった。鈴木太七は著書『森林経理学』（朝倉書店）のなかで、C・ヘイエルの考え方を紹介している。法正状態とは、毎年まったく同じ材積収穫を供給できるような森林の状態と定義されている。それには二つの条件があって、

Ⅰ　すべての林齢の森林が等面積に配置されている

Ⅱ　林木が正常な成長（法正成長）を行う

これらの条件の下に、正常な蓄積と毎年の均等な収穫量が期待できる。さらに、条件を整理すると、法正状態における法正成長量は最高林齢の伐区の蓄積量と一致する。すなわち法正林思想がいうところは、最も老齢な林分の蓄積量分だけ伐採することを繰り返しておれば、持続的な森林経営が可能と

される。これが林業思想の原点ともいうところである。

しかし、このような経営が、現実に不可能であることは一目で見抜ける。たとえば、日本での民有林の所有形態を見ると、面積二ヘクタール以下の零細な所有者が大半を占めている。こんな小さな森林面積が、条件Ⅰを満たすはずはない。もっとも、森林を数千ヘクタールもつような法人や国有林は、この点を一応は通過できる。しかし、地形が複雑で土地の生産力が場所によって大きく異なるわが国では、条件Ⅱの成立が危ぶまれる。必ずしもすべての土地で、林木の成長が良好でない場合には、非常に複雑な林班*の設定を行わねばならないであろう。台風など、長期間には必ず訪れる災害や気象変動もまた、法正状態を乱す原因となる。そして、木材の価格変動が、伐採時期を決める重要な要因でもある。

法正林思想は一つの林業パラダイムとしては魅力があるが、このような思想に基づいて、工場のように森林から木材を生産し続けることは困難であるようだ。そして、拡大造林の企画には、様々な問題があったと思う。たとえば、経済の長期的見通しが甘かったこと、すでに地力低下していた場所にまで造林地を拡大したこと、などが考えられる。

しかし、拡大造林という行為のすべてが、負の遺産であるとは、私には思えない。前述の荘川村の人々の歴史を見るとき、これらの事業がもし行われていなかったら、現在のような荘川村は存在しなかっただろう。当時、施業に関わった村の人たちにとって、造林作業は一つの生きるすべであり、自分の場所で生きる原動力のようなものであっただろう。私たちは、このような造林努力を、山村の歴史のひとこまを支えた力として評価するべきである。よってたかって、木材不況による造林地の経済効果のなさを、むやみに批判する態度をとることだけは、なんとか止めねばならない。もっと山村に対する優しさやいたわりの気持ちをもって、そして山村の置かれた歴史を汲み取りながら、将来の国土を創るような政策はでないものか。

以上のように、何事にも便利で飽食の現代に生きる私たちにとって、『荘川村史』に記されている昔のことは、ほとんど想像もできないことが多い。現在、荘川村から受けるイメージは、昔とは隔世の感がある。すでに、山仕事や田畑だけに頼っていた面影はあまり残らず、いまでは近代的な美しい山村であると感じられる。とくに高速道路が出来たことは、物心両面で村の人たちに強い影響を与えるだろう。そのような、物質的に恵まれた環境に育つ新しい世代の子供たちは、自分たちが住む荘川村に対してどのような思いを抱き、これから、どのような地域と山を形成して行くのだろうか。

しかし、一方、森林の側から考えたとき、このような人間社会の変化は、ほんの一時に起こったことである。一代の森林にとって、五〇年くらい前のことは、最近の出来事である。人間に流れる時間にくらべて、森林に流れる時間はきわめて長い。私たちの祖先が行った行為の跡は、いまある森林の中に刻み込まれているのだ。そして、人間の生活のたくましさを考えるとき、人手の入らない自然など、私たちが普通に見る自然の中に残っているはずはない。この点は、近代の森林史を考えるうえで、非常に重要である。

2　六厩調査地を設けたいきさつ

今から約二〇年前、当時、私は岐阜大学農学部の山地開発研究施設の助手に赴任した直後であった。同施設の石川達芳先生と京都大学農学部の堤利夫先生から、荘川村および岐阜県の寒冷地林業試験場（現、森林科学研究所）との共同研究で、飛騨地方の広葉樹林を調べてみないかというお誘いがあった。これが、荘川村六厩の森林とのつきあいのはじまりである。ことの起こりは、寺田義夫村長と竹ノ下純一郎試験場長（いずれも当時）と私の先生たちが、岐阜県に分布する有用広葉樹の管理方法を研究して、広葉樹材の生産を高めるということだったようである。

「荘川広葉樹総合試験林報告第一報」（岐阜県寒冷地林業試験場ほか、一九八五年）の原文には、六厩調査地を作る目的について次のように書かれている。

広葉樹は近年、建築構造や生活様式の変化にともない、内装用材や家具用材などとして需要が増している。しかしながら、わが国の広葉樹材は質量ともに低下の傾向にあり、加えて南洋材*など海外からの輸入材も国産材ともに低下の傾向にある。しかも広葉樹の施業、更新についてはほとんど考慮されていないから、有用広葉樹材とくに大径材については早晩枯渇すると心配されている。……中略……

岐阜県の広葉樹林は概して若く小径木が多い。このことは逆に、これらの林分に手を加えることによって近い将来、有用広葉樹が多く経済的価値の高い林分に導くことが可能であることを示している。荘川村をはじめとして県北地域は多雪地で標高が高く、立地条件に恵まれていない。従ってスギ人工林の育成は容易ではないが、かえってそのことのために広葉樹林に恵まれている。これらの利用を高めることは一方で広葉樹材の生産を高めるとともに、他方では多雪地の林業を発展させる機会ともなろう。

ここに有用広葉樹の人工造林から天然林の保育・生長・更新にまでおよぶ様々な分野について、技術的、生態学的な試験研究をまとめ、それらの総合的な効果を発現できることをねらい、広葉樹二次林の施業基準の確立と施業技術の体系化をはかるとともに、普及の場として役立つことを目的として本試験林を設定した。長期間にわたるデータの地道な集積がとりわけ望まれるところである。

六厩調査地の当初の設定目的は、この原文に見るように、林業的な意味合いが非常に強かった。これは、林業を通して地域経済の発展を願う村や、広葉樹に関する林業技術を開発しようとしていた寒冷地林業試験場にとっては、きわめて当然の発想であった。

一方、当時の岐阜大学の林学教室でも、スギやヒノキの人工林の研究が、やはり厳然たる主流であった。しかし、世の中を全般的に眺めると、森林がもつ環境的意義や天然林が、どのように維持されているかという本質的な疑問に、各大学の林学教室の関心が移行しつつあるさなかでもあった。いわば、林業派と自然派が林学教室の中で、互いに勢力伯仲のままに、論陣を張っていた時代であったかもしれない。そして、このあたりの時代を境にして、次第に林業の斜陽化が決定的になり、今では森林の環境的意義が重視される時代になった。へそ曲がりの私には、こんなに急激なターンを切って、大学や社会そのものが、森林の生産的な意義を見失ってしまってよいのかと、思ってしまうほどである。

当時の私といえば、やはり自然派であって、実は、右の原文に見る六厩調査地の設立目的には、多少ならず違和感を感じていた。スギ・ヒノキの単純一斉林*をベースにしたような管理体系が、どうしても原文の発想の中に見え隠れする。数多い樹種をもつ広葉樹林を、そのように単純な施業ベースに乗せられるかに、大きな疑問を感じた。また、優良な立地*がすでに人工林に占められていて、それ以外の場所しかない状態で、広葉樹林に強い林業性を要求してよいのかどうか、疑問であった。私は、むしろ、それぞれの樹種の性質を調べること、各樹種の成長と更新に関する性質から、全体の広葉樹林が維持されている機構を調べることに、興味をもっていた。当時は、これらについての知見はひどく少なかった。

荘川村が、村有林の一部一三ヘクタールを研究と普及用に提供してくれたことは、私たちの計画を大いに推進させた。六厩調査地を作るときに、非常に印象的であったのは、調査地を細分した試験区の名称である。大学が直接的に参加する試験区は、「天然林の生長・更新試験林」と呼ばれ、面積約一・五ヘクタールのこの試験区が本稿の舞台となる場所である（巻頭グラビア図1・1参照）。

六厩調査地で、他の機関が研究を行う場所の名称をあげると、「樹種林相改良試験林」、「施業モデル実証林」、「間伐二段林」、「全層間伐林」、「保存木施業林」、「予備択伐区*」、「クリ人工林」、「ケヤキ人工林」、「キハダ人工林」などがある。適切でない表現かもしれぬが、六厩調査地の中でも、前述の林業派と自然派の指向の違いがあらわれているようで面白かった。また、試験内容が多様にすぎるという気もして、大学側からそのような発言をしたが、当初の構想通りに、数多くの目的をもった試験地が発進した。

私は、一九八二年に、はじめて当地を訪れた。実は、調査地の候補が二箇所あった。一つは現在の場所であるが、もう一つは千軒平の別荘地の裏山であった。千軒平の方は、尾根のブナ林を含む場所で、当時からブナ林好きの私にとって魅力は大きかった。しかし、斜面がかなり急であった。調査地へのアプローチも悪そうだったので、結局のところ現在の場所の方を選んだ。ここは斜面下部のミズナラが比較的多い、川に近い場所であるが、概して、地形は平坦であるが、細かい起伏がいくつもあった。

なぜ、このように凸凹な地面が出来たのか当時は不思議に思った。後年、荘川村史を読んで、この地域で金鉱石の採掘が行われていたことを知り、この疑問はいくぶん解けた。もう一つ不思議だったのは、このあたりにブナが一本も存在しないことであった。ずっと上の尾根にあがると、小規模ながらブナが存在するのだが。

当地の植生の特徴としては、尾根にブナがあり、沢付近にはミズナラが多いことがあげられる。これには、冬の非常な寒さが関係しているかもしれない。前に述べたように、六厩では極端に低い温度が記録されている。調査地のあたりは準平原的な地形で、谷底は広くて平坦である。冬の放射冷却で冷気が生じ、たまった冷気で谷底に極端な寒さがもたらされる。あまり寒くなると、樹木の枝も凍ってしまい、そのために枯死してしまうことがある。意外にも、ブナの枝の耐凍温度(マイナス二七度)は、ミズナラのそれ(マイナス五〇度)よりも高く、ブナは比較の上で枝が凍りやすい樹種である(一九八二年、酒井昭「植物の耐凍性と寒冷適応」)。数十年に一回であろうとも、谷底で極端な低温が生じると、ブナが一斉に消滅してしまうことが考えられる。

しかし、六厩で尾根にしかブナが分布しない原因には、人間による伐採の影響も考えられる。新潟大学の紙谷智彦は一九八六年に、ブナ林伐採後に再びブナが森林を形成する条件に、伐採の前年にブナの種子が豊作であることをあげている。ブナのように、数年間に一度しか実をつけない樹種は、豊作時の翌年など、若い実生が存在するときにだけ更新が可能である。六厩調査地のあたりでは、炭焼きが行われた形跡がある。もし、ブナ種子が凶作で、森林にブナの稚樹が少ないときに伐採が行われたのであれば、それを契機にして、このあたりのブナ林が姿を消したことも考えられる。六厩の周辺には、クリなど比較的暖かい地域に分布する樹種も存在するので、この説をとる方が無難かもしれない。

さて、一九八三年の八月に、六厩調査地の「天然林の生長・更新試験林」の設定が、本格的にはじまった。標高一〇〇〇メートルの場所で、岐阜大学と京都大学の混成チームが、まず、一ヘクタール(一〇〇メートル四方)の方形枠(コドラート)を森林の中に張り、その中を、一〇メートル四方のマス目(サブプロット)に区分する作業に取りかかった。調査地の中に、一二一本のプラスチック製の杭を打ち、それらの位置をコンパス測量で正確に測定した。ついで、杭どおしを黄色いテープで結ぶ。ここまで終わると、森林の中に綺麗なマス目模様の調査区が浮かび上がり、不思議なもので、今まで捉え所のなかった森林も、急に自分の研究対象になったという気持ちが湧いてくる。

さらに、直径八センチメートル以上の樹木を対象にして、樹種名を記録し、幹の位置を調べ、胸高直径の大きさを巻き尺で測定した。胸高直径の測定位置には、白いペンキを帯状に細く塗って、翌年、同じ位置で直径測定が行えるようにしておく。また、樹木ごとに、番号ラベルを大型のホッチキス(ガンタッカ)で付けたり、樹冠の幅と位置を測定して、調査区の樹冠投影図*を作成した。これらの作業にも、ちょっとしたコツがある。

たとえば、番号ラベルを木にガンタッカのタマで付けるときに、二本の足が幹に対して垂直になるように一本だけ打つと長持ちする。もし、水平に打ってしまったり、二本のタマで付けたりすると、木の幹が周囲方向に成長するときに、ラベルが切れたり足が曲がって、番号ラベルは一年ともたない。直径測定は、巻き尺で何回も繰り返してはかり、白ペンキの位置と前回のデータを見ながら、データの妥当性を確かめた後に記録して行く。この測定は、必ず木の山側から行わなければならない。木の高さや位置の測定には、それ用の道具や測量器具の扱いに習熟していなければならない。

森林の測定は体力勝負であり、いらいらしたりすると、測定精度が甘くなるので、強い精神力をもつ必要がある。すべての設定を行った後は、その場所に対する森林観（?）が湧いてくるから不思議である。単調な作業を単調に感じるまま終わってしまう人が多いが、このような人たちは、森林の研究には向いていない。現場で得られた実感を大切にすることが、あくまでも森林研究の基本である。

六厩でこれらの作業は大変であったけれど、調査地設定の指揮は、当時、京都大学におられた荻野和彦先生がとってくださった。以上で、調査区の初期設定を終えたのであるが、寒冷地林業試験場の方たちを含めて、約二五名が泊まり込みで一週間かかって調査を行った。荘川村が用意してくれた猿丸地区の公民館を、利用させてもらった。雑魚寝と雑談の生活、賄いの方が作ってくれる夕食とお酒がおいしかったこと、夜にもらい風呂をしたり、クワガタ取りに行ったこと、調査の合間にヤマメ釣りをしたこと等が、昨日のように思い出される。

森林生態学では、このようなフィールドでの作業がデータ収集の中心となる。データ収集には、当然ながら、目的がなければならない。しかし、私の場合、暴言気味にいうと、当初抱いていた目的や作業仮説が、現場での測定行為の最中に破壊されてしまうことがよくある。測定の最中に、頭の中でピカリと光ったことの方が、ずっと面白い結果を引き出すこともしばしばである。「意外な発見」をすることは本当に楽しいものであり、当たり前のことだが、フィールド調査は考えながら行うのがよい。

また、フィールド調査の余得として、村の人との雑談や課外活動（?）がある。これらは馬鹿にならないどころか、今までもってなかった調査地の森林像が、それらを通して見えてくることがある。

正直にいうと、六厩に調査地を設定した当初に、私は何のためにそれをするのかよくわからなかった。広葉樹林の林業的な研究意義は、前に書いたように、そもそも立地条件から見て、立地不適合の問題があるように思えた。そのうえ、森林の更新過程やバイオマスの研究も、生物学それ自体としては面白いのだが、何かそれを超えた社会的意味のようなものを求めねばならないという気がした。

告白すると、本書、六厩の二〇年間の森林史の研究は、後付けで出来上がったものである。とにかく、二〇年間ほど、がむしゃらに調査を繰り返したあげくに、ふとしたことから「この森林はどのようにして出来上がったものなんだろう？」、「このまま放置しておくと、天然林のような状態になるのだろうか？」という疑問を抱き、それ以後はこれにしたがって調べ続けているうちに、一事例にすぎない六厩の「森林史」の研究が、意外なほど多くのことを伝えることを発見した。

3　樹種と密度

二次林としての森林が、人手がかかったことによって、どの程度、変質したかを知ることは大切である。この第3節では、六厩周辺の植生の概観を述べた後で、六厩調査地の「対照区」の森林について、森林の構造やバイオマスなどを調べる。とくに、二次林が保持する樹木の種数が、他の植生と比較して、どのようであるかを検討する。

最初に、六厩調査地が、どんな植生に取り囲まれているかを示すことにしよう（図3・1参照）。荘川村役場がある牧戸から東に向かい、軽岡トンネルを出て道を下りきったところに、六厩の集落がある。ここから、六厩川に沿って七キロメートルほど北行すると、私たちの調査地に行くことができる。

まず、この集落から調査地まで、植生の分布などを調べながら歩いてみよう。六厩の集落は、盆地状の小さな平坦地にあり、現在では稲作のほかに、高冷地野菜のホウレンソウ栽培や牛の肥育などが行われている。六厩川は、ここでは幅がせいぜい五メートル程度にすぎず、その両岸に静かに家々が並んでいる。周囲の山には、山裾のカラマツ造林地と尾根のスギ造林地が、周囲のアカマツ林や落葉広葉樹林と、くっきりと境界を別にしている。細い六厩川を最初にまたぐ橋の上からは、盆地の北端が徐々に山に飲み込まれる様子を望む。盆地の集落から離れた場所ほど、休耕地が多くなるようである。

道をしばらく進むと、六厩川の左岸に、五年生から十年生ぐらいの若い造林地があり、その尾根部には昔のムマイスギと思われる大きな切り株がいくつも残っている。右岸も伐採跡地であるが、ここは広い笹原になってしまっており、伐採してから何年間も、樹木がうまく定着していない。道の両側では、ミズナラやクリからなる落葉広葉樹林、スギやカラマツの造林地、古い田畑の跡と思われる場所などが、めまぐるしく入れ変わってゆく。時には、誰が植えたかドイツトウヒの小さい造林地や、自然ばえのナツツバキやカンボクの美しい木もみられる。

渓谷に沿って道をどんどん進むと、行程の半分ほどのところに、千軒平の別荘地があり、道路舗装はここまでで途切れる。千軒平は、たいして広い平地ではない。ここに昔、ゴールドラッシュが起こり、たくさんの家が立ち並んでいたとは想像できないほど、いまは静かな場所である。カラマツ林の中に、洋式の別荘が建っている。六厩川の川幅はすでに一〇メートルを超し、平らな岩盤の上を清烈な水が流れる。両岸は、ふところの広い山腹となり、国有林がスギを造林した場所以外は、落葉広葉樹林に覆われている。一部急峻な斜面上には、サワラなどの自然の針葉樹林も見ることができる。

大簑谷にかかる橋を越えて、広い氾濫原に生えるシラカンバ林を見ながら、しばらく進むと、右岸に少し平坦な場所があらわれる。このあたりの道沿いには、ペンキでマークされた実験用の樹木がたっている。ここが私たちの調査地である。今までの道筋の中で、最もよく発達した落葉広葉樹林が存在する場所だ。さらに進むと、国有林のゲートに行き当たり、少なくとも車ではそれ以上進めなくなる。

以上の行程で見たように、この地域の植生は、恐ろしく込み入ったモザイク模様を呈しており、人間のすさまじい営為の力を、この中に読みとることができる。六厩の調査地は、森林が最も発達した場所にある。それは、この周辺のモザイクの中でも、人間の力が小さいためかもしれないと、歩きながら思った。

次に、いよいよ六厩調査地の内部に入って、この場所の森林がどのような構造をもつかを調べることにする。まず、最も基本的な点として、この森林が、どれぐらいの種類の樹木で構成されているかを調べ、それを他の森林と比較してみよう。そして、徐々に、六厩調査地の森林のイメージを、膨らませていこう。

とはいっても、一つの森林がもつ樹種の数や密度を、単純に定めることはできない。樹木は、一個体が非常に広い面積を占有している。したがって、森林の調査は、他の植生よりも、広大な面積を必要とする。一般に、調査面積を増やすほど、そこにあらわれる樹木の数と種類は多くなる。しかし、複雑な地形を示す場所では、あまり大きな面積をとると、立地条件そのものが変化してしまい、他の立地に特有な樹種までが混入する問題が発生する。

もう一つ問題になるのは、調査の対象とする樹木のサイズである。小さいサイズの樹木まで対象にするほど、樹木数が多くなり、それに対応して種類の数も多くなるはずだ。しかし、稚樹群まで入れて樹木の全数を調査すると、一ヘクタールの面積でも、対象木が数十万本になってしまう。これは、労力上、調べることが不可能な数である。そこで、ある胸高直径を境界にして、それ以上のサイズの樹木を対象にする方法が、現実には用いられる。

私たちの六厩調査地では、山麓の比較的平坦な場所のみを、調査の対象とすることにした。そして、毎年、毎木調査を繰り返せるように、作業の継続性も重視して、調査面積を一ヘクタール（水平面積、測量値では一・〇六ヘクタール）とした。対象とする胸高直径の下限は、設定当初、八センチメートルとしたが、一九九六年から一センチメートルに改めた。これは、前述の「五〇ヘクタール・プロット」構想に、測定の下限基準だけでも合わすためである。この結果、一九九六年に行った毎木調査では、六厩調査地に一五〇九本の樹木が存在し、樹種の数は五五にのぼることがわかった。なお、現在までに、胸高直径八センチメートル以上の樹木についてはほぼ毎年、一センチメートル以上のものについては二回の毎木調査を終了することができた。

さて、この五五種一五〇九本という六厩調査地のデータは、他の森林にくらべて、多いのだろうか、少ないのだろうか？　とくに、六厩調査地が二次林であるとしたら、その原植生であるブナの天然林と比較することが、特別に意味をもつかもしれない。六厩と対照するために、私たちが大白川谷のブナ林で、まったく同基準で調べた樹種数と密度は、三一種五九九三本であった(一九九九年、加藤正吾・小見山)。

このブナ林調査地の概要を、少し述べておかねばならない。大白川谷の植生については、第二章一節で詳しく述べたところである(場所、図2・3)。六厩調査地から、水平距離にして二〇キロメートル離れた位置にある。標高一三三〇メートルの平坦地に、一ヘクタールの調査地を作った。ここの樹冠投影図を図3・2に示す。樹冠にはブナが最も多いが、ほかに、ミズナラ・シナノキ・ハリギリの三種が混じっていた。このように、ブナ天然林の上層は、単調な樹種構成を示している。しかし、下層には、オオカメノキ・ヒナウチワカエデなど三〇種が存在していた。全体に樹木が老齢で、ギャップが多い森林である。また、積雪量は六厩よりはるかに多い。

六厩の二次林と、大白川谷のブナ天然林の違いを一口でいうと、樹木の本数は天然林ではるかに多いが、樹種の数は二次林の方が多い。すなわち、樹木一種あたりの個体数は二次林の方が少なく、六

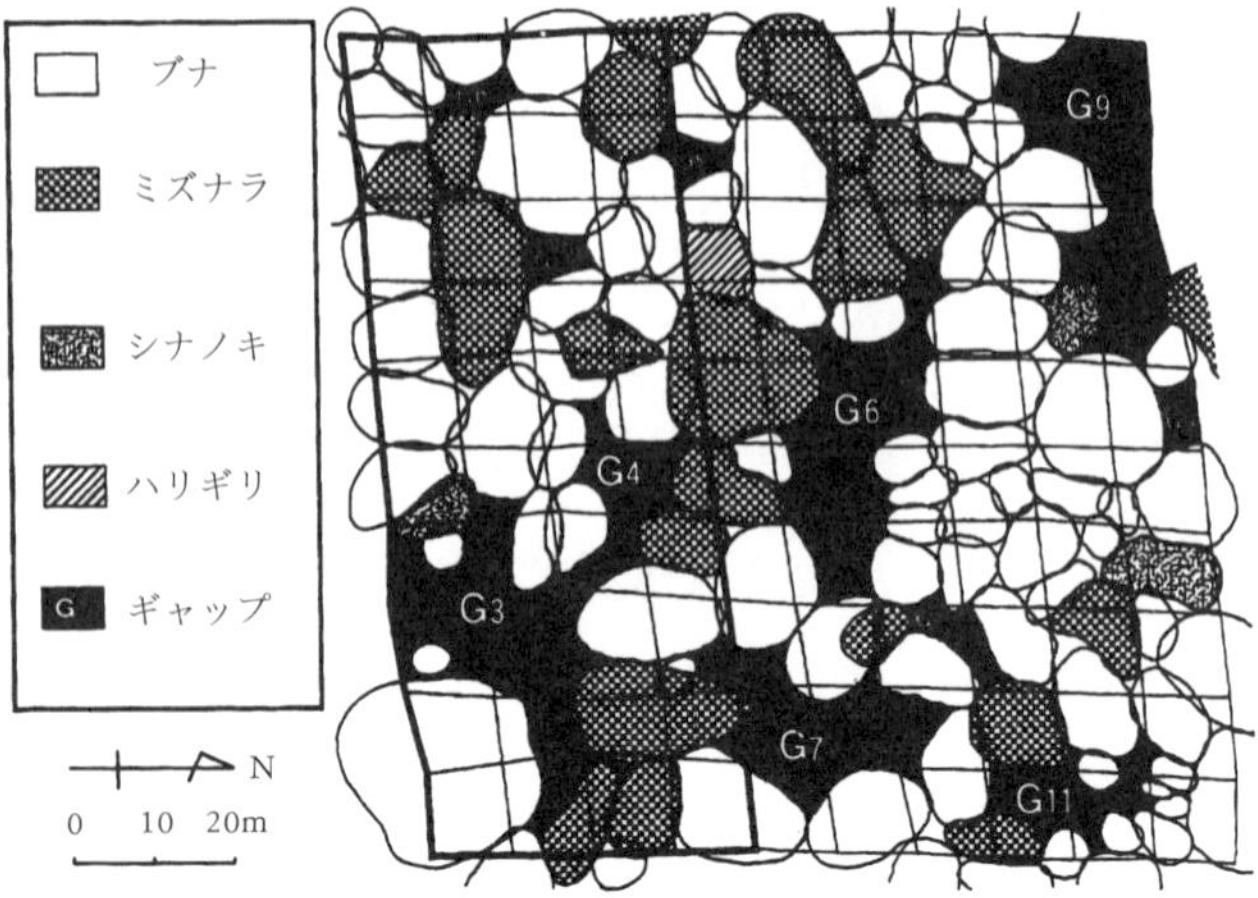

図 3•2　大白川谷のブナ天然林の林冠構造
この場所については，第二章の本文および図 2•3 を参照．
（樹冠投影図：加藤・小見山 1999 年を改変）

既調査地の方が樹種多様性が高いことになる。これは、考えようによっては、ちょっと意外な結果である。誰しも、原植生として、天然林の方が豊かな森林であると、イメージしがちなのだから。なぜ、このようなイメージのずれが、自分のとったデータに発生したのか、ということを考えさせられた。もちろん、二つの調査地間には、標高や土壌の違い、気象とくに冬の降雪の違いがある。これらの環境要因の違いは、確かに、樹木の密度や種数に影響を与えているだろう。

しかし、私は直感的に、ほかにも生物的な違いがある可能性を感じた。まず、二つの森林では、樹木の年齢がまったく違う。老齢な天然林ではギャップが多く、それより若い二次林ではギャップがきわめて少ない。このような、森林の構造上の違いがある。また、ブ

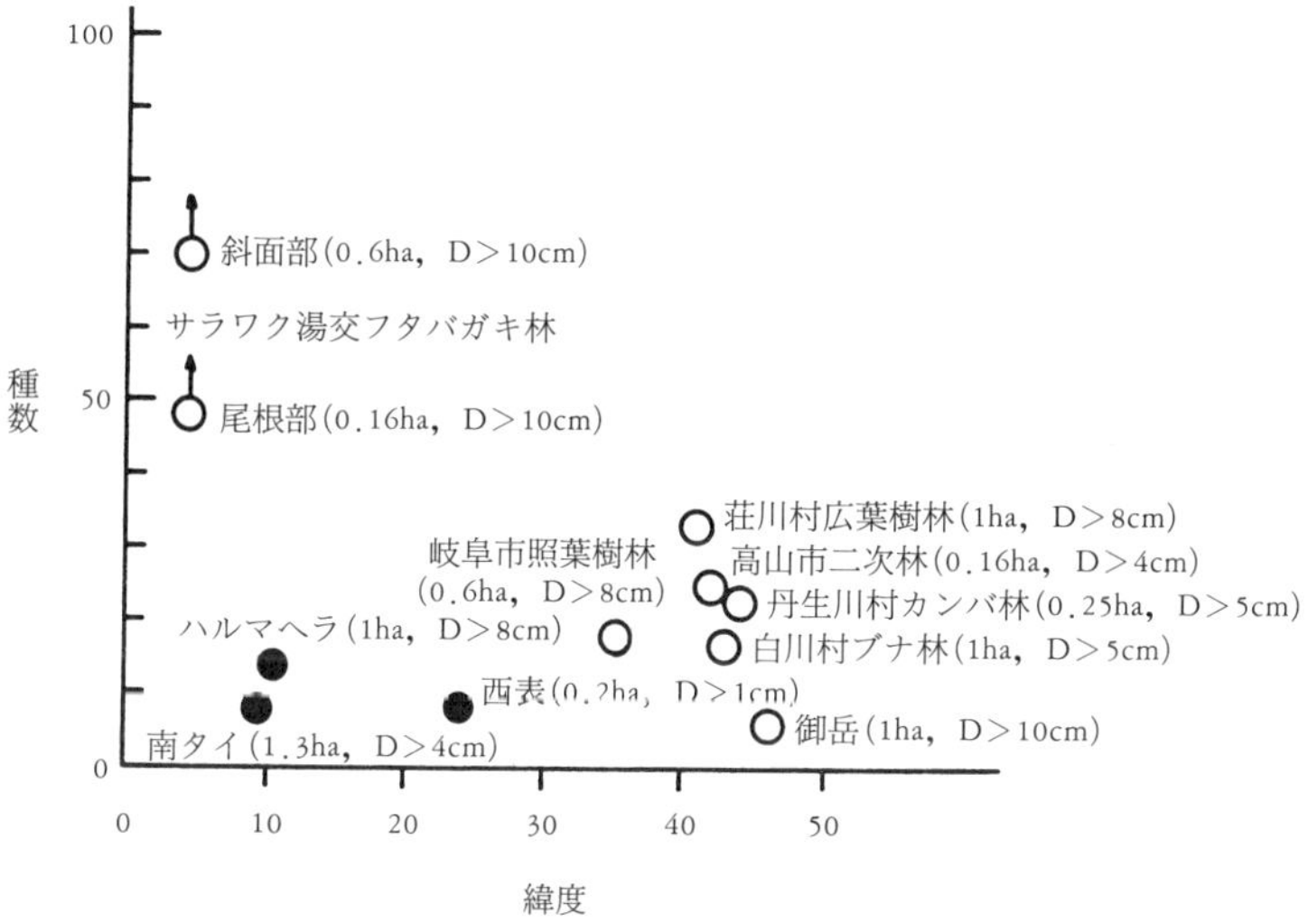

図3・3　緯度と森林の樹木数の関係
一部の調査地は，標高と気温低減率から緯度を換算した．
場所名と調査面積，測定した直径の下限を各点に付した．
●マングローブ林

ナ林の上層木は樹種組成が単調である。それと比較して、六厩の二次林の上層木には、ずいぶん多くの種類が含まれているように思われる。さらに、ブナ林の方が、春の開葉が早い樹種で構成されており、しかも、根雪が季節の遅くまで残るということが気になった。これらの点は、次節以降で追々述べることにする。

さらに粗い比較であるが、私が実際に調べた森林の種数を検討してみよう（図3・3）。この図の横軸は緯度であるが、高標高の調査地には気温低減*率から緯度換算したものが含まれている。最も樹種数が少ないのは、岐阜県の御岳の亜高山帯林の一〇種以下であった。また、マングローブ林の樹種数は一五種以下と少ない。この二つの天然林には、気温や海水という強い環境要因が働いている。

岐阜県の落葉広葉樹林の中では、六厩調査地の森林がやはり多くの樹種を含んでいた。日影平（高山市、標高一三〇〇メートル）の二次林も、結構、樹種数が多い。これらとくらべて、大白川谷のブナ天然林の樹種数は、やはり少ない。樹種数がきわめて多いのは、ランビル国立公園の混交フタバガキ林で、現在まで約七〇種が同定されているが、まだまだ未同定種も多い（大阪市立大学の山倉拓夫らによる）。以上のように、二次林は、人手が入っているにもかかわらず、結構、豊かな森林である場合がある。

　このように、六厩調査地の二次林は、結構、多くの樹種をもつ森林であった。天然林でもないのに、そのような状態にある理由を、少し考えてみよう。群集における種数の議論は、古くから行われていた。二〇世紀の初頭、ロシアの微生物学者F・ガウゼは、二種のゾウリムシを、同じ環境のもとで飼育すると、片一方の種が絶滅してしまうことを示した。また、ロトカ・ボルテラの競争方程式*の研究などにより、競争的置換の法則がたてられ、同じ環境が永く続くと、資源要求度*の少ない種が、生き残りやすいことが明らかにされた。

　このような基本法則は、森林の樹木にも当てはまる。森林の樹木にとって、光は最も強い支配要因である。もし、長期間にわたり安定した環境が続くと、光に対する要求度が低い陰樹が優占する状態になることが考えられる。これは、いわゆる植生遷移の現象が、裏づけるところである。けれども、この法則は、すべての場所をいつも支配しているわけではない。冷温帯には、陰樹のブナの天然林ばかりではなく、二次林のように、比較的陽性の樹木で構成される森林も現存する。

これは、森林に生じた攪乱が、法則の流れを停止させたり、状態を一気に初期化したりするためである。乏しい光をめぐって起こっていた競争は、攪乱によって中断され、その後の環境は、ふたたび陽樹の生存をも可能にするのだ。このような攪乱が生じると、陽樹や中間種が生存できる分だけ、樹種の多様性は高くなることが考えられる。J・H・コンネルの中規模攪乱仮説は、攪乱の頻度や規模により樹種多様性が変化することを説いている。

しかしながら、このような説明だけで、私は満足できない。今の六厩調査地では、ギャップが頻繁に発生しているわけではない。また、過去に起こった攪乱の規模だけで、六厩調査地で樹木の種数が多いことを、すべて説明できるわけでもない。局地的な現象を見るときは、もっと細やかな説明が必要である。現在の林分構造が、樹木群の生存、そして樹種の構成を、もっと別な面で支配しているはずだ。

4 階層構造

そこで、六厩調査地の「階層構造」について、調べることにする。一般に、森林をよく見ると、林冠を形成する大きな樹木があり、その下層には稚樹と幼樹が存在することがある。この場合には、高木層と低木層の二層が存在する階層構造をもつと見る。森林には、様々な階層構造のパターンがあり、層数や境界の明瞭さは変化する。日本のブナ林では、高木層・亜高木層・低木層・草本層のような、四層構造がしばしば認められる。

階層構造の存在が、最もよくわかるのは熱帯雨林である。この森林は六〜七層の階層をもつ。一番高いところにある巨大高木層は、七〇メートルの高さを超えることがある。私が、混交フタバガキ林で、階層構造の存在を実感したのは、意外にも雨が降ってきた時であった。深海の底のように薄暗い林床で調査をしていると、昼すぎにスコールが降ってくる。突然、トタン板に砂粒を投げたような音が頭上で聞こえてくる。その音は、巨大高木や高木の葉層に大粒の雨が当たる音であった。一〇分ぐらいたつと、巨大高木の上に落ちた雨水は、それ以下の層を伝って、ようやく私の頭の上にしたたり落ちてくる。その時になってやっと、本当に、雨が降っていたことがわかる。

樹木群が示す階層構造は、森林に生息する生物にとって、重要な側面をもっている。まず、太陽光は上の層から吸収されてゆき、その結果として、森林内の光環境に垂直的な違いがもたらされる。前の混交フタバガキ林では、巨大高木層や高木層の周辺は、明るくて乾湿差が大きい環境である。一方、下層には、いつも暗くて湿度が高い環境がもたらされる。このように、垂直方向に幾重にも樹冠が重なる階層構造をもつ場合は、一つの土地の上に大きな環境差が生じる。このような性質が、森林の生物相の豊かさや、一次生産*の高さをもたらすともいわれている。

けれども、なぜ、森林が階層構造をもつのか、はっきりとは、理解されていない。生物学的な原因が特定できないので、階層構造の存在自体を疑う研究者がいるほどである。一九七三年に、A・P・スミスが書いた階層構造に関する総説を紹介する。

スミスは、階層構造を三つに分類しており、①葉層の階層構造、②個体の階層構造、③種の階層構造、があるとした。①については、一樹冠における葉群の多重構造（マルチレイヤー）*を反映して、森林全体にいくつかの葉層が生じるというものである。私たちが森林を観察するとき、たいていは葉層の階層構造を見ている場合が多い。②は、樹木個体の樹高が何段かにそろっているような状態を指す。たとえば人工林で、ヒノキ上層木の下にヒノキ稚樹を植えたような二段林は、個体の階層構造が最も認識しやすい例である。

③については、樹種がもっている本来の樹高というものが関係する。樹木図鑑を見ると、各樹種は高木・亜高木・低木のように、垂直方向にその種がどれぐらい伸びられるかという限界が記載されている。たとえば、ブナは高木であり、クロモジは低木である。ここで階層構造は、各樹種の個体のうち最も成熟したものが示す階層での位置がとりあげられる。したがって、未成熟個体を含めた階層構造は、①か②の構造の方に繰り入れられる。

スミスは、階層構造の存在と層数に関する緯度傾度が存在する原因について、九つの仮説を提案している。

Ⅰ　階層構造は、森林の中で樹木の再生産が周期的に行われたために存在する。複数のギャップが森林で発生して、そこに異なる樹木個体群が定着して成長をはじめ、それらが順次階層を構成した。

II　階層構造は、下層木の被圧*の程度差によって生まれる。森林の下層には場所的に多様な環境が存在し、部分によって下層木の伸長速度が異なり、それが階層構造を作った。

III　階層構造は、実は、樹木の垂直方向でのランダム的な集中性を反映したものである。階層構造の存在に特別な原因はない。

IV　葉層の集中分布は、光の利用効率を最大にするためのものである。

V　階層間の空隙が二酸化炭素のシンクとして機能しており、全体として森林の光合成活動を活発にするために階層構造が存在する。

VI　樹木―動物間の相互作用を高めるために、階層構造が存在する。階層間に出来た空間は、昆虫や鳥などの飛行場所となり、各階層の葉層はほ乳類などの通路として利用される。また、樹木にとってこれら動物の活動は、受粉や果実の散布のために重要である。

VII　階層構造は、動物による植物体の捕食を防止するために存在する。階層が分化していれば、花や果実や葉が垂直的に離れた位置にあり、動物はそれらを探すのに苦労する。

VIII　階層構造は、ツル植物の被害を防ぐために存在する。ツル植物が巻き付くと、樹木の力学的バランスが崩れて、樹木が倒伏しやすくなる。熱帯の巨大高木層のように個体がばらばらに離れた階層では、ツルが横方向に伸びて他の個体に蔓延することができないだろう。

IX　階層構造が低緯度地方で発達するのは、生物間の相互作用が強いためである。

これらスミスがあげる説は、いずれも興味深い。しかし、なかには、説明が回りくどくて、疑わしいものも含まれている。また、原因と結果を取り違えているような解釈もみられる。基本的に、森林は、樹木個体または葉層の集まりにすぎない。進化的な意味を、樹木群のまとまりとしての森林に求めることは無理であろう。私は、六厩調査地の階層構造を説明するときに、スミスのあげたI、II説も大事であるが、IV説が最も重要であると考えていた。ただし、第五章で後述するように、樹木の開葉の季節性が、これに関係しているはずである。

また、森林の階層構造を、定量的に把握する方法が、いくつか提案されている。最も簡単なものに、樹高の頻度分布から階層構造を把握する方法がある。しかし、この方法では、階層の分化や階層が分かれている高さを、客観的に判断することが実際は難しい。小川房人らは一九六五年に、葉層図による解析方法を提案した（後の第４章でみせる図４・２はこの例）。樹木の樹高と樹冠の深さから、垂直別に見た樹冠の頻度分布（葉層曲線）により、各階層の位置と数を調べる方法である。穂積和夫は一九七五年に、M―w図による階層構造の解析方法を提案した。この図では、森林における樹木群の個体重の頻度分布様式の違いが、複数の双曲線群によってあらわされる。この方法によると、各階層に所属する個体が特定でき、階層の境界が個体重によって明確に判定できる。

さて、六厩調査地の森林の階層構造に、話を戻すことにする。ここでは、階層構造の基本的な記載

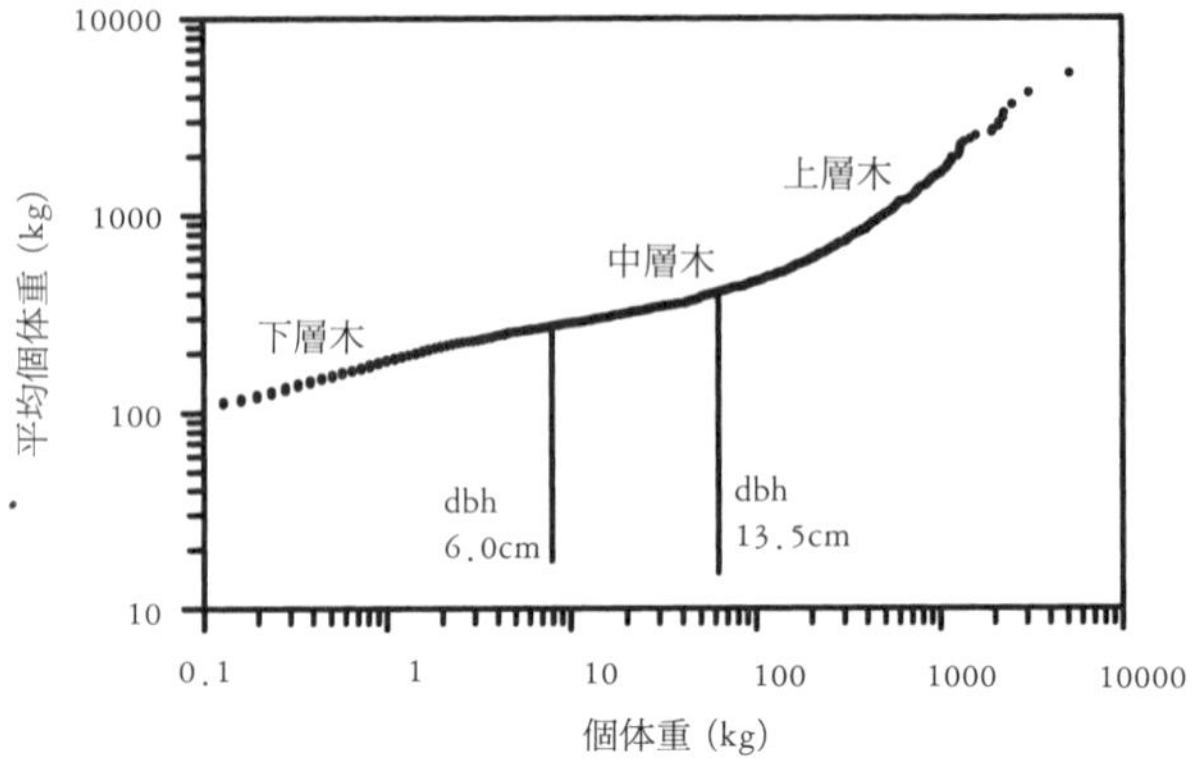

図 3・4　六厩調査地の階層構造（M-w 図）
図上のそれぞれの点は，樹木の個体をあらわしている．縦軸は，調査地のなかで，大きい側の個体から積算して求めた個体重の平均値をあらわす．複数の樹木群が同一の双曲線に乗る部分を，ひとつの階層と判定できる．双曲線群を図に記入していないが，この森林には三層が存在する．（dbh：胸高直径）

を、M—w図を使って行う。

図3・4には、六厩調査地のすべての樹木の個体重と平均個体重の関係が示されている。この関係を双曲線で近似したところ（図からは省略）、樹木群は三つのグループに分かれた。すなわち、高木層・亜高木層・低木層が、この森林に存在する。なお、各層の境界は、樹木の個体重にして八キログラムと五八キログラムにあった。これを胸高直径に換算すると、六センチメートルと一三・五センチメートルが境界となる。樹木の本数と種数が最も多いのは下層であり、四一種九一〇本がこの層に存在した。上層には、これにつぐ三〇種四〇三本の樹木が存在した。中層は、三層のうち最も未発達であった。しかし、二七種一九六本の

樹木が、この層に存在した。各層の構成樹種は、次の通りである。（カッコ内は、耐陰性の目安である）

上層・すべて落葉広葉樹によって構成されている。この層で本数が一〇%を超える樹種に、多い順にミズナラ・ヤマモミジ・イタヤカエデ・クリの四種がある。ミズナラとクリはどちらもブナ科に属すが、クリの方が耐陰性のうえで陽性を示し、ミズナラは陽性と陰性の中間的な性質をもつ。一方、カエデ科の二種はともに陰性の樹種である。四種以外で、高木層に一〇本以上の個体が存在するものは、シナノキ（中性）・ウワミズザクラ（中性）・コナラ（陽性）・ミズキ（中性）・ホオノキ（陰性）・トチノキ（中性）・ハルニレ（陽性）・ヤマナラシ（陽性）であった。陽性から陰性までの樹種群が共存しており、陽性の樹種も本数の二六%も占めている。とくに、シラカンバのように強い陽性を示す樹種は、枝が上の方まで枯れあがった小さい樹冠をもつ。

中層・落葉広葉樹だけで占められている。ヤマモミジ（陰性）が本数の三割弱を占め、最も多かった。他のカエデ科樹木としてイタヤカエデ（陰性）とコハウチワカエデ（中性）もこの層に多く、以上の三種で亜高木層の本数の約半分を占めている。ほかに本数の多い樹種としては、順にシナノキ（中性）・エゴノキ（中性）・ミズナラ（陽性）・アカシデ（中性）があげられる。構成樹種の耐陰性の面でこの層が高木層と異なる点は、陽性樹種が五種（ノリウツギ・リョウブ・クリ・ハルニレ・ズミ）しかなく、本数の九%にすぎないことである。亜高木層の樹木は、高木層の林冠から漏れてくる光を得て生活している。陰性や中性の樹木が多くなるのはこのためであろう。また、幹直径から階層分けをしたために、ウメモドキ・サルナシ・ヤマブドウの木本性ツル植物がこの層に属す。

下層・ハイイヌガヤが常緑針葉樹として存在するが、他はすべて落葉広葉樹で構成される。とくに多い樹種にコマユミ（陰性）・エゴノキ（中性）・サワフタギ（中性）の三種があり、これらだけで本数の半数を占めている。ほかに、ツノハシバミ（中性）・ツリバナ（中性）・コハウチワカエデ（中性）・ハイイヌガヤ（陰性）・ヤマモミジ（陰性）・ヤブデマリ（中性）・シナノキ（中性）・イタヤカエデ（陰性）・ウワミズザクラ（中性）・ノリウツギ（陽性）・アカシデ（中性）・マルバアオダモ（中性）・トチノキ（中性）・ミヤマガマズミ（陰性）・リョウブ（陽性）も、比較的多かった。そのほかに、低い密度で二三種もの樹木が存在しており、この層における樹種多様性は非常に高い。そのほとんどすべてが、耐陰性の面で陰性もしくは中性の樹種で占められている。陽性樹種は、ノリウツギ・リョウブ・クリ・ハルニレ・タニウツギの、五種しか存在しなかった。下層の大半を低木種が占めていたが、なかには、アオハダ・アズキナシ・サワシバ・チョウジザクラのように、高木種や亜高木種も含まれていた。下層には存在しないが上層に存在する樹種がある。それらには、コナラ・シラカンバ・ミズメ・ヤマナラシ・ヤマハンノキなど陽性樹種が多い。

このように、六厩調査地の森林の階層構造から、上層が多様な樹種で構成される混成林であること、下層に非常に多くの樹種が高い密度で蓄えられていること、その二点が特徴としてあげられた。この森林で樹種数が多いことは、混成林となった理由と下層が発達する理由がわかれば説明できるかもしれない。前者の理由は、六厩調査地の森林が出来上がるまでの歴史を調べれば、わかるであろう（第四章）。そして、後者については、私たちの教室ゼミで、「下層木分布の謎」として熱い議論が行われていた。この謎は、ある時、教室ゼミで話し合っていた最中に氷解した。詳しい説明は、第五章で述べる。議論のうちに、突如として、ドラマチックな展開があり、新しい研究視野が開いた。

5　バイオマス

バイオマスの規模を調べることによって、二次林としての六厩調査地の特性を、もっとよく知ることができるだろう。また、バイオマスの研究は、この森林の物質生産を考えるうえでも重要である。森林生態学でいう「バイオマス」とは、ある面積の森林に存在する樹木の量のことであり、「現存量」と呼んでもよい。森林のバイオマスをあらわす単位には、ある時点に生きている樹木を対象にして、ヘクタール当たりのトン数が一般に用いられている。

森林のバイオマスが盛んに研究されたのは、一九七〇年を中心とする約一〇年間に行われた国際生物学事業計画（ＩＢＰ）の時であった。私は当時大学生であったが、先生と先輩たちが、難しい数式をならべて活発な議論をしていたことを覚えている。これ以後、森林生態学の方向は、バイオマス論から徐々にずれてゆき、主として、森林の更新過程や維持機構さらには樹木の生活史研究の面に移行していった。

三〇年前に行われたＩＢＰ計画の主目的は、将来起こるであろう食料と環境問題に対処するために、地球上の生態系で行われている生物生産の規模を、量的に調べることであった。現代社会で、当時予想された問題が生じてしまい、私たちは自分たちが壊してしまった環境を、どう修復するか考えざるを得ない状況にある。最近はふたたび、森林のバイオマスや成長量を論議する機会が増えてきたような気がする。

森林の葉層が、光合成で作り出す有機物のエネルギー（総生産）は、植物体の器官形成（純生産）および呼吸の二つの経路に流される。純生産はある期間内でおこる成長・枯死・被食をまかない、呼吸は器官の維持に使われる。森林が炭素を貯留する能力をもつのは、純生産によって、幹や根にバイオマスが蓄積していくことによる。この蓄積は、林業にとってはもちろん、大気や水の環境問題に重要な意味をもつ。

まず、森林のバイオマスを求める手順から説明することにしよう。ひとくちに、ある面積の森林に存在する樹木の量を調べるといっても、樹木は巨大な生物であるので、直接的に、すべての樹木を伐採して重さをはかることは不可能である。樹木の個体重を、その幹直径や樹高などから推定するために、相対成長関係が用いられる。相対成長とは、イギリスの動物学者J・S・ハックスリーが、一九三二年に唱えた成長法則で、生物個体の任意部分重の成長率は、個体重の成長率に比例するというものである。

樹木の場合、測定が比較的容易に行える幹の直径や高さと、各器官重の間に相対成長関係が成立すれば、樹木を伐らないでもそれらの値から、個体重を推定することができる。相対成長関係さえあれば、毎木調査のデータから森林のバイオマスを非破壊的に推定できるわけである。

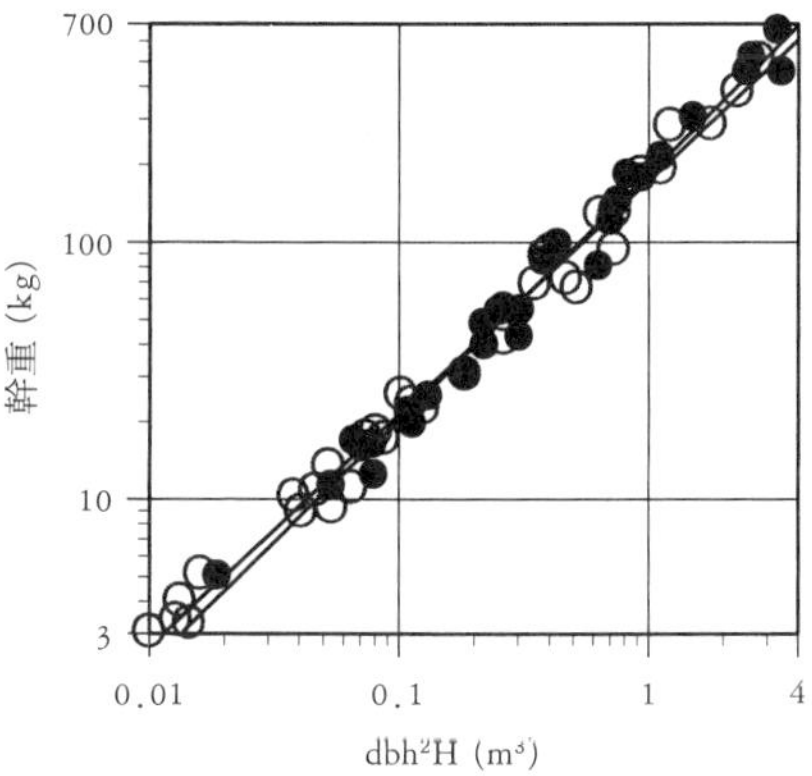

図3・5　幹重の相対成長関係
胸高直径 (dbh) と樹高 (H) から，幹の重量を高精度で推定することができる．
○荘川村六厩の調査地
●岐阜大学演習林の調査地

六厩調査地で求めた幹重に関する相対成長関係を、図3・5に示した。この例では、幹重が、「胸高直径の二乗×樹高」という独立変数によって、勾配が一に近い両対数直線で見事に表現されている。これには理由がある。この独立変数は、幹を円柱体と見なしたときの容積を示している。したがって、もし木材の見かけの比重と樹幹形が、個体間で類似していれば、幹重と本来比例するはずの値である。

しかし、枝や葉や根の重さについては、別の独立変数を選ばないと高い推定精度が得られない。これらの器官重の推定には、篠崎吉郎らが一九六四年に示した樹形のパイプモデルを使う方法がよい。この理論では、ある位置の幹の断面積が、それより上部にある枝重や葉重と比例関係にあるという性質が示されている。生枝下直径の二乗値を独立変数に選べば、樹種別にではあるが、森林の場所的違いに左右されない相対成長関係が得られる。

この「生枝下直径」とは、樹冠最下部の枝元の幹直径を意味するが、地上から高いところにあるので、巻き尺等ではかるのはいささか面倒である。しかし現在では、レーザー光線を利用した測定器具が工夫されているので、比較的容易に測定が可能となった。ただし六厩調査地では、現在、生枝下直径を測定している途中であるので、ここで示す森林のバイオマスは、幹の直径から推定した値である。

相対成長関係を作るのに「伐倒調査」*を行うが、これがまた大変な作業である。一つの森林について、少なくとも二〇本ぐらいは樹木のデータをとらねばならない。多くの樹種が存在する場合には、もっと多数の樹木を調べねばならない。また、樹木のサンプルには、森林の中で最大の大きさの個体から最小のものまでを、含める必要がある。

作業手順として、まず、樹冠が張り出す部分の長さを樹木が立ったままの姿で測り、その後に、樹木を根ぎわで伐倒する。大きな樹木になると、伐倒にチェーンソウを使うが、この作業は危険であるから、専門家に頼むほかはない。樹木が地面に横たわると、幹の根元から一メートルおきに、梢端までを複数の幹層に区分する。各幹層の元口直径を測った後に、枝を幹から切り離す。その枝を野外の作業場まで運んで、枝の元口直径を測る。その後、枝から葉を一枚一枚手で切り離す。果実や花が付いている場合はそれも分ける。やっかいなのは、樹木を伐倒するときに、一部の葉が落ちてしまうことである。通称「落ち穂拾い」部隊が出て、地上を丹念に調べてこれらの落下物を採集する。また、幹から一メートルごとに、円盤をとって樹幹解析*用の試料を作り、乾燥重量を求めるサンプルを器官別に採取する。

六厩調査地では、一九九〇年と九一年に、総計四一人がかりで伐倒調査を約二週間行った。それでも一二種三四本の樹木しかとれなかった。最大個体である樹高二〇・六メートルのコナラには、一〇人がかりで二日間以上の作業を要した。相対成長関係のグラフ上で何気なく見る一点には、実は、このような苦労が込められているのである。

さて、苦労して求めた相対成長関係を、一九九六年の毎木調査データに適用して、六厩調査地のバイオマスを求めた。地上部バイオマスは、一七四・二トンであった。一九六八年に依田恭二が、極相林のバイオマスをまとめた例を見ると、暖温帯の照葉樹林では四〇〇トンを超すバイオマスが、冷温帯のブナ林では三五〇トンが観測されている。冷温帯の針葉樹林のバイオマスはさらに大きく、一部の発達したスギ林では一〇〇〇トン近いバイオマスをもつものがあるという。また、マレイシアの熱帯雨林では六〇〇トンのバイオマスが報告されている。

これらの値と比較すると、六厩調査地の森林はかなり小さく、とくにブナ極相林の半分程度のバイオマスである。六厩の森林が二次林であることに、その原因があるのだろう。階層別のバイオマス分布を見ると、ほとんどすべてのバイオマスが、高木層に集中していた。亜高木層と低木層の総バイオマスは、それらを加えても全体の数%にすぎない。葉バイオマスではいくぶんその傾向が弱まるが、それでも低木層と亜高木層の葉量は、全体の八%にすぎない。下層木が、上の厚い葉層に覆われており、上層の樹木から高い被圧を受けていることがわかる。

次に、バイオマスの器官配分を見ると、その六九・九%は幹にあった。幹についで枝のバイオマスが多いが、葉のバイオマスは三・九トンで、全体の二・二%を占めるにすぎない。葉は、森林の光合成活動を一手に引き受ける器官であるが、どの落葉広葉樹林でも、葉のバイオマスは三トン前後の値が一般的である。意外に少ない葉量で、落葉広葉樹林の一次生産が行われているのだ。森林の葉量は、(葉の寿命)と(基本葉量)の積で決まる関係がある(只木、一九六三年)。六厩調査地は、落葉広葉樹で構成されているので、まさに「基本葉量」が葉量となっている。

根のバイオマスを、私たちは、六厩調査地で調べられなかった。根は土に埋もれているので調べるのが大変である。個体の根すべてを丹念に掘りとって、相対成長関係を作って根バイオマスを求める方法と、場所ごとの根密度から根バイオマスを求める方法がある。たいていの温帯林では、根のバイオマスが五〇トン程度の場合が多く、根に対する地上部バイオマスの比率(T/R率)は、三から五の値をとるのが普通である。

しかし、小見山らが一九九八年に調べた、南タイのコヒルギ林のT/R率は、ほぼ一であった。地下にも、地上部と同程度のバイオマスが存在するのである。一緒に、地形・地質を調べている友人は、「それぐらい根がないと、泥の中でマングローブは力学的に立っていられないだろう」と、いとも簡単に結論づけてくれた。もちろん、六厩の森林では、このようなことは起こっていない。

以上のように、六厩の調査地の森林は、バイオマスから見ると、決して大きい森林ではない。毎木調査の結果を使って求めた毎年の平均成長量も、二・六トンであった。

<余談その3>

―自然を映す渓流―

「生態学の研究者には釣り好きが多く、分類学の研究者には、昆虫採集を趣味とするものが多い」とは、井上民二さん(故人、元京都大学生態学研究センター教授、飛行機事故で、マレイシアのランビル山で亡くなったことが惜しまれる)の言葉だった。

釣りは、魚が自発的に仕掛付の餌に飛びつくことで成立するが、チョウチョ取りは網で強制的にそれを収容することで、成立するという人もいる。こじつけ臭い気もするが、確かに、釣りは、魚の嗜好とそれらが棲む環境のことをよく知らないとできない。特定の魚種を選ぶときは、なおさらだ。

調査地のそばを流れる六厩川は、すばらしい渓相である。落葉広葉樹林の間を、瀬と淵が交互にあらわれ、水は冷たく澄みきっている。どう見ても、イワナやヤマメの宝庫のはずだが、私にはさっぱり釣れない。夏にもぐってみると、魚はいるにはいるのである。大きな淵の流心には、小型のヤマメが一〇尾ぐらいうろついているし、大きな魚影も、たまにはみかける。放流したニジマスやアマゴも、いくつか遊んでいる。

一〇年以上前には、もっとたくさんの魚がいて、水族館のような川の様子がみられたものだが、淵の床一面にいた、底生のカジカやドジョウは、めっきりと数が減ってしまった。魚が少なくなった原因は、明らかに釣りにある。調査にゆくと、いつも林道には釣り人の車が、何台か止まっている。毎日、釣られる恐怖を経験する魚は、どのような心理状態に置かれるだろうか。彼らは、釣り人を早期に発見する能力を身につけ、生き延びている。素人の私に釣れないのは当たり前である。

場所を人にはいえないが、イワナの秘境が、まだ岐阜県には残っている。上宝村長倉の井上昭二さんに連れられて、毎年そこに釣りにゆく。アプローチが大変なので、最近、体力が落ちてきた私には、だんだん行くのがつらくなってきた。しかし、イワナの楽園を見る楽しさは、それにまさるものがある。

まわりは、ブナ林地帯であるが、実は天然林ではない。猛烈なブッシュをかいくぐると、こぢんまりとした渓流が、姿をあらわす。小規模ながらも、いくつかの淵があるよい釣り場で、何といっても川に人の入った形跡がないところがすばらしい。よい淵だけを選んで釣るという、贅沢なやり方で、二人交互に下流から上流に向かってすすんでゆく。魚は、頭を上流に向けて餌が流れてくるのを待っており、淵の下に身をかがめてのぞき込むと、いるわいるわ、小さな淵に五尾ぐらいの大きなイワナが、待ちかまえている。餌は、ここでとれるトビケラの幼虫にかぎる。

影をみせないように仕掛けを入れると、たちまち一番大きい一尾が食らいつく。それを慎重に取りこんで、次に仕掛けを入れると、もう一二尾は釣れるが、さすがにそれ以降は魚が恐れて餌を食ってくれない。二時間も釣ると魚籠が重くなり、帰路のことがだんだん気になりはじめる。適当な場所で釣りをやめて、まだ明るいうちに斜面を下りはじめる。

この釣行には、長倉の井上家で一晩泊めていただくという、おまけが付いている。これがすばらしい。長倉の集落は、高原川にのぞむ斜面上にあり、その中でも井上家（旧家屋）は、一番上に構えている。一階は、広い土間と居間、立派な仏壇のある客間、台所と風呂などがあり、二階は、養蚕室と居間になっている。玄関の前には、広い物干場があり、そこから、上宝側の清流が見おろされ、遠くには焼岳の頂が見える。まさに絶景である。

夜には、釣れたてのイワナを肴に、ご両親とおばあさんを囲んで、話に興じる。酔いが回ると、玄関前にでて涼しい山の夜景を楽しむ。一山むこうから、長倉まで小さなトンネルを掘って水を引き、それ以後に田畑が出来るようになった苦労話。いまは、サンショウ栽培が、結構よい儲けになり、京都の問屋に卸していること。子供の数が少なくなって、昔は、長倉にも小学校の分校があったが、いまはバスで本校に通っていること。自分の山の木で新しい家の柱を立てたこと。など、山や畑の話題はつきない。楽しいだけではなく、私にはすごく勉強になった。不遜に思われては困るのだが、私の場合は、このような話ができることで、その場所に対する愛着が深まり、それが研究意欲を一層深めることにつながっている。

それにしても、単に人が入らないというだけで、こうも川の様子が変わるものだろうか。明らかに釣りは、川の生物相を変えてしまう要因である。これでは、釣り人が、自然保護を語ることさえ、難しいのではないかと思ってしまう。その一方で、釣り人は、川の状態を子細に観察している。そうでなくては、魚が釣れないからである。

川の水の変わり様は、最近、すさまじい。とくに、川の中流域で、その変貌ぶりは著しい。ここは、上流の影響をまともにかぶり、林道開設や様々な工事で流失した土砂、人家から出た排水などが集まってくる。清流と呼ばれる長良川でさえも、水と川石の状態をよく見ると、清烈とはいえない状態にある時もある。私が鮎釣りを楽しむ川でも、大雨の後に出た川の濁りが、何日たってもとれない状態が続いている。山の荒れは、すぐ川の荒れに結びつき、砂や浮遊した沈泥が、川の至る所に集積する。全体として、川は浅くなり、そして、雨が降るとすぐに濁りが出る状態になる。どうやら、森だけではなく渓流もまた、完全に二次的な自然になってしまったようである。

第四章◎森林の百年を追う

1　何が六厩調査地に起こったか

前の章で述べたように、周辺の状況や森林のバイオマスが小さいことから見て、六厩調査地の森林は、二次林である可能性が高まってきた。この場所で過去に何が起こったかを、もっと具体的に知ることができないと、六厩の森林史が綴れそうにない。まず、二次林としての六厩調査地に、実際に攪乱の痕跡が認められるかを、調べてみよう。

ここで、荘川村史のように、マクロなレベルでは、森林の記録が残っている。しかし、六厩調査地のように、限定された場所の森林史を再現するためには、もっと詳細な森林の記録が必要となる。そのような記録が、実際に、得られることは稀である。したがって、それは、その場所にたっている樹木自身に尋ねるほかない。幸いにして、温帯林の樹木には年輪がある。

年輪について、少し解説しておくことにしよう。四季の変化をもつ温帯で、樹木は一年の生活設計をもっている。春には、その年の生活の準備を行い、夏までにエネルギーを蓄え、秋には実りの時期を迎える。しかし、冬には、六厩のように高冷な地域で、樹木は活動ができない状態に陥る。冬をどう暮らすかは、ここの生物にとってきわめて重大な問題である。落葉広葉樹は、葉をすべて落として、休眠状態にはいる。

樹木が草本植物と異なるのは、幹に形成層をもつ点にある。形成層の内側に木部が順次作られて、それにつれて幹が肥大する。その結果、丈夫な幹で樹冠を支持しながら、樹木は高い場所に葉層を置くことができる。このような性質は、植物間で起こる光競争に、非常に有利に働く。そして、広葉樹では、木部要素である導管が作られるときに、四季の環境と同調して、一定の成長リズムが生じる。一般に、春に作られる導管の直径は大きく、夏になるとそれが小さくなり、冬になると細胞分裂が停止する。この繰り返しが木材に縞模様をつけ、結果として、それが年輪に見える。

ただし、落葉広葉樹では、ミズナラのように年輪がはっきり見える樹種と、ブナのようにはっきりしないものがある。前者の材は環孔材と呼ばれ、導管の直径成長に、季節リズムが非常に明確にあらわれるタイプである。それに対して、季節による導管直径の差がそれほど大きくない後者の材は、散孔材と呼ばれている。

熱帯でも、場合によっては、樹木に年輪をもたらすような気象の変化をもつ場所がある。雨季と乾季を交互に繰り返す熱帯季節林には、クマツヅラ科のチークのような樹木が分布している。チークは、乾季に葉を落として成長を休止するので、材に年輪をもつ。この場合は、雨の降り方によって落葉期が決まるので、これらを雨緑林と呼ぶ。これに対して、主として気温が落葉期を制御する温帯の落葉広葉樹林は、夏緑林と呼ばれている。

年輪には、その樹木が経験した過去の情報が満載されている。屋久スギの古木になると、数千年間にわたり、そこで起こったことが年輪に記されている。年輪幅から、気象条件の変動を知ることができたり、枝の折れた痕跡から、台風の爪痕を見ることができる。年輪をもつことにより、樹木はまさに過去の歴史の生き証人となるのである。

年輪の測定方法は、今の技術では、生きている木を切り倒して、幹からディスクをとって調べるかしかない。しかし、年輪を調べるだけのために、いつも樹木を伐倒できるわけではない。「成長錘」という、立木のまま、材を細長く抜きとる器具もある。しかし、年輪の中心を、一回であてることはなかなか困難であるし、堅い材をもつ樹種では、成長錘が抜けなくなってしまう。レントゲンのような機械があれば、樹木の年輪を、もっと簡単に調べることができるのだが。

さて、六甌調査地をデザインするときに、樹木をすべて伐る「皆伐区」（面積〇・四ヘクタール）を設定した。ここは、樹木の年輪から森林の履歴を調べること、皆伐された場所で、植生がどのように回復するかを、調べることを目的にしている。伐採の前年に、あらかじめ樹木の胸高直径と樹種を調べ、

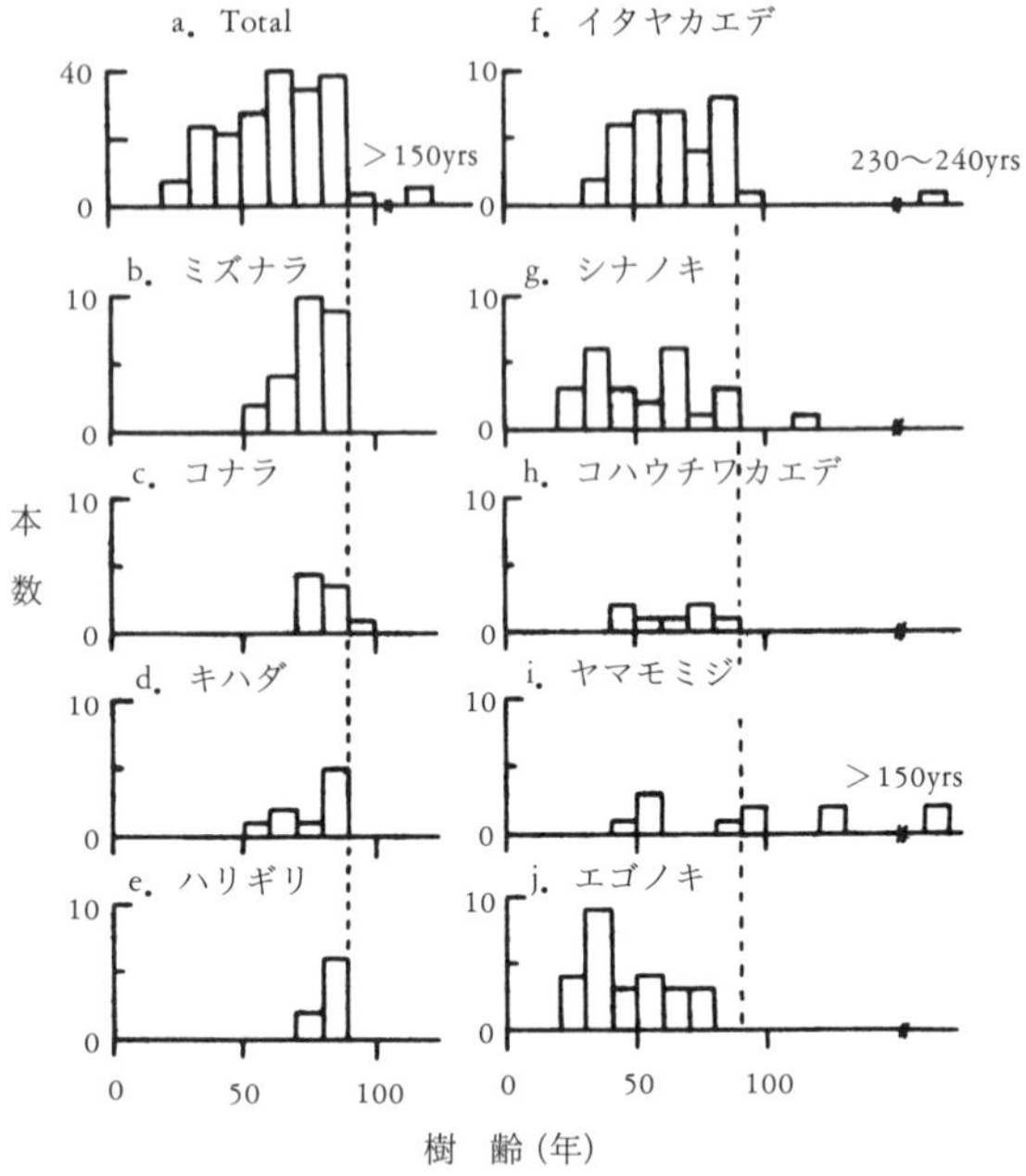

図 4・1　皆伐区の切り株の樹齢構成
どの樹種も，90 年生以上の個体はほとんどみられない．
90 年前に何かがこの場所で起こった．
（小見山，1989 年を改変）

一九八五年三月に、すべての上層木を伐採した。そして、それらの切り株の年輪数を、ルーペを使って読みとった。この「皆伐区」は、前章で森林構造について述べた場所、「対照区」にすぐ近接しており、そこと同じ履歴をもつと考えられる。

この皆伐区で調べた樹齢の頻度分布（図4・1、一九八九年、小見山ら）を見ると、どの樹種にも共通する特徴があらわれている。こここには、胸高直径が六センチメートル以上の樹木が、二四種二〇七本あった。いずれの樹種でも、樹齢三〇年以下の樹木はわずかしか存在せず、樹齢が高くなるにつれて本数が多くなり、樹齢九〇年を超えると本数が急激に減少した。九〇年生以上の個体が、まったく存在しない樹種も多い。

なぜ、このように、年齢分布が不連続を示す現象が起きたのだろう。もし、この森林が天然林であるならば、ここの樹木は、代々入れ替わって維持されていたはずである。したがって、その場合には、それぞれの樹種で、樹齢はもっと幅広い範囲に分布するはずである。調査時から九〇年前に、何が起こったのだろうか?

その樹齢の不連続が生じる原因として、自然災害、または、人間の利用のいずれかが考えられる。ただし、大雨で生じる斜面崩壊や、台風による大規模な風倒などが、当地に起こったという、明確な形跡はみられない。(注・本稿を書き上げた後、平成一一年の九・一五豪雨が発生し、調査地の一部にも土石流が発生した。過去に、このような攪乱が調査地で起こった可能性が、まったくないわけではないようだ。余談その5参照)だから、周囲の植生などの状況から、かつてこの場所で、人間が樹木を伐採したと考える方がよいだろう。それが、何の目的であったかは不明である。もし、金鉱石の採集が、この時期まで続いていたとすれば、精錬のために白炭を得る目的で伐採されたのかもしれない。また、六厩の集落まで一時間ほどで歩ける場所であり、ここが入会地であったことから、焼き畑耕作や普通の炭焼きが行われていたとしても、不自然ではない。いずれにせよ、現在の六厩調査地の森林は、本書を書いている時点を基準にすると、約百年生の二次林であったのである。

そのほか、切り株の樹齢分布から、いくつかの事を推察することが出来た。ミズナラ・コナラ・キハダ・ハリギリの四種は、八〇年から九〇年生の個体が多かった。これは、皆伐後の初期一〇年間に、この場所に定着した個体である。これらと比較して、シナノキ・三種のカエデ・エゴノキは、樹齢分布の幅が広く、それらが皆伐後の長い期間にわたって、ここに定着したことが推察される。このうちエゴノキは、個体の根元に、いくつもの萌芽幹が株を構成する樹種である。一個体が、萌芽を何回も繰り返す性質が、その広い樹齢幅を示した原因であろう。他の樹種が示す樹齢幅にも、萌芽の性質が、あるいは関係しているかもしれない。菊沢喜八郎は、「北海道の広葉樹林」（一九八三年、北海道造林振興協会）で、ミズナラやコナラは、親木が伐採された当初の一時期しか萌芽枝が発生しないが、シナノキやホオノキは、同じ株から萌芽枝が連続的に発生すると述べている。

しかし、これらの樹種が、当時の皆伐跡地で、どのような成長を示したかは、樹齢分布からは判断できない。伐採後の時間の進行とともに、一時期は優勢であったけれども、後に姿を消したもの、その逆に、当初は優勢種の陰に埋もれて存在していたが、時間とともに優勢さを増したもの、など様々な成長のパターンが存在しただろう。

以上のように、六厩調査地が、明治三〇年以前には、今とは異なる世代の森林で覆われていたこと、そこには、イタヤカエデ・ヤマモミジ・シナノキなどの樹木が存在していたことが、樹齢分布からわかる。おそらく、前代の森林も、当代の森林と大きく違わない樹種を含んでいただろう。これらの樹木が皆伐されたことによって、一時的に植生が初期化し、この時点から、六厩調査地における当代森林の再生が、はじまったものと考えられる。

2　最初の森はヌルデ林だった

六厩調査地で約一〇〇年前に起こった攪乱の直後に、どのような森林が再生したのかを、知りたい。しかし、その場面に実際に行くことはできない。このような場合に、どんな方法を用いれば、その場面に近いものを、求めることができるだろうか。私たちは、それを「皆伐区」の現在の再生過程から、再現しようとした。

ただし、このような方法が、忠実な再現にならないことは明らかである。まず、時期に、一〇〇年間もの隔たりがある。それに、前代の森林の樹種構成や年齢構成が、どのようであったかは、詳細にはわからない。また、攪乱時における樹木群の状態、とくに種子生産の状態などは、不明のままである。ほかに方法がないので、森林再生の大筋が、このような方法で把握できることを期待しよう。

まず、一九八五年の伐採から「皆伐区」が再生していく姿を、実際に観察していると、切り株から萌芽が出ることに気づいた。そこで、切り株の萌芽枝発生状況を調べたところ、伐採から三年後に、二〇七株中の五八％が萌芽枝を付けていた（一九九〇年、小見山）。半数以上の切り株から、萌芽枝を発生していた樹種には、イタヤカエデ・エゴノキ・シナノキ・ホオノキ・ヤマモミジなどがあった。ほとんどの樹種で、切り株に萌芽枝の発生を見た。しかし、ハリギリのように、八株から萌芽発生がまったくない樹種もあった。また、ミズナラの場合は、伐採時に若齢であった株ほど、萌芽発生能力が高いという傾向がみられた。

このように、現在の六厩調査地で優勢な樹種の多くは、約一〇〇年前の伐採当時から、前代の切り株から萌芽を出して、すでに存在していた可能性が強い。しかし、現在の樹木の姿からは、その個体が、種子から更新したものか、萌芽から更新したものか、見分けることはできなかった。

「皆伐区」では、時間とともに、森の再生が思ったよりも早く進行していた。最初の数年間は、まだ、切り株の萌芽や、地面から生えてきた樹木が、まばらに生える状態であった。しかし一〇年もたつと、皆伐区に入ると、身動きも自由にならないほど、背の低い樹木が密生するようになった。この状態を、岐阜県森林科学研究所の横井秀一さんたちとともに、実際に調べることにした（横井ら、一九九七年）。

皆伐後一一年間を経過した時点で、三五種の樹木が皆伐区全体に存在していた。斜面下部で、比較的樹木が密生していない場所でも、一〇〇平方メートル当たり一二〇本という高密度であった。高さは約八メートルで低く、しかし、鬱蒼とした森林が、すでに皆伐区に形成されていたのである。

再生した森の特徴を、樹冠深度図（図4・2）から見てみよう。斜面下部で、樹冠の様子を見ると、高さ三メートルから八メートルに厚い樹冠の層があり、その下方の二メートルの高さに薄い層がある。

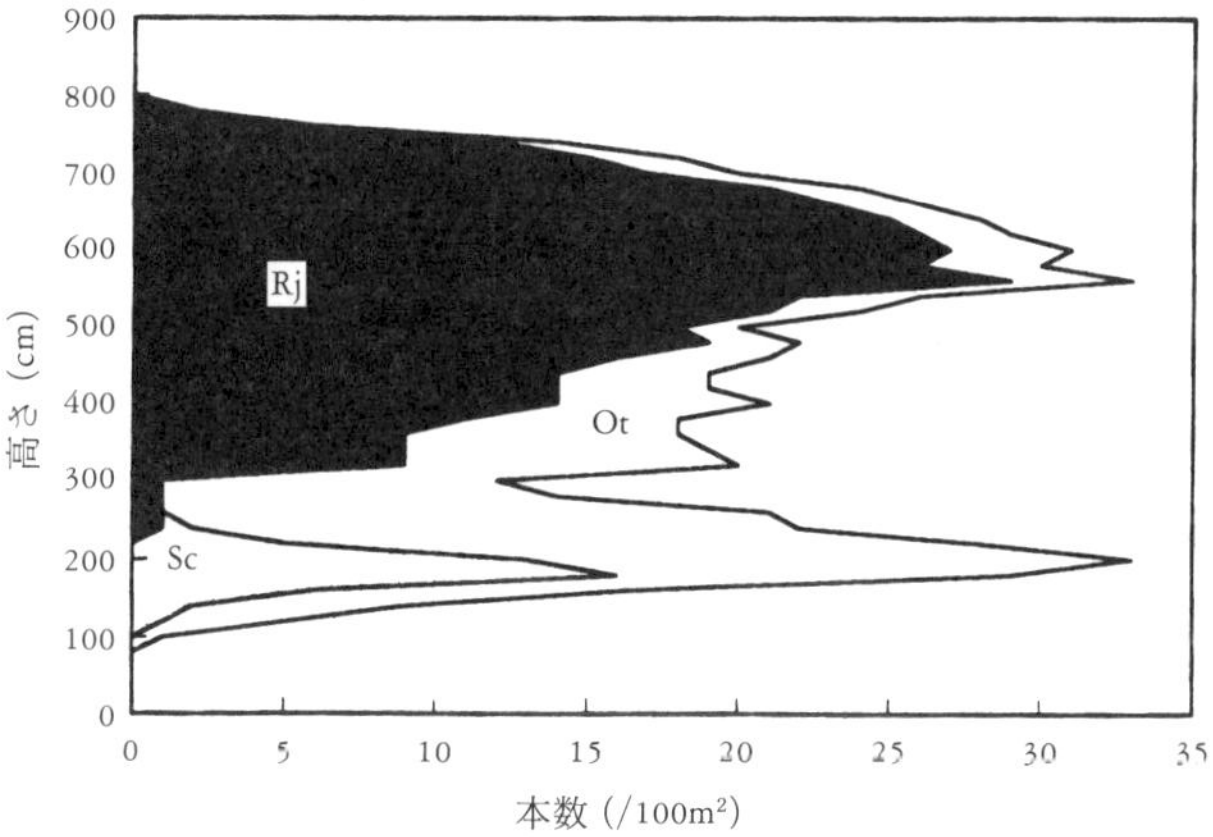

図 4•2　ヌルデ林の樹冠深度図
（横井ら 1997 年を改変）
ある地上高における樹冠（梢端から葉層基部まで）の有無を，個体毎に調べて頻度分布にしたものが樹冠深度図である.
階層構造がどんな状態にあるかを，視覚的にもとめることができる.
Rj：ヌルデ　Sc：サワフタギ　Ot：その他

この時点ですでに、再生した森には、二層の階層構造が認められるのだ。第一層のほとんどすべての樹木を、ヌルデが占めている。第二層には、最も多いサワフタギのほかに、タニウツギ・ホオノキ・ミズナラ・ミズキ・ハイイヌガヤ・ズミなどがみられる。ここには、全体で一七種の樹木が存在していた。

　このように、ヌルデが、森林の第一層のほぼすべてを占有する森林が、斜面下部にみられた。斜面上部にゆくほどヌルデの樹冠占有度は低くなり、その代わりに樹種数が多くなる傾向がみられた。しかし、最上部の調査地でも、ヌルデの断面積合計は、四四%もあった。伐採されてから一一年後に、皆伐区はヌルデ林となったが、下層には多くの樹種が生活していた。

なぜ、ヌルデの木が、伐採跡地でこのように繁栄したのだろう。ヌルデは、ウルシ科に属す樹木であり、耐陰性の面で強い陽性を示す。仮軸分枝を行いながらも、枝をすばやく上方に広げてゆく性質をもっている。強い陽光のもとでは、成長がきわめて速い樹種である。しかし、成熟した森林の中には、ヌルデの木はほとんど存在しない。少しでも、日射が他の植物に奪われると、ヌルデはもはや生きられないのである。ヌルデは、いわゆる*パイオニア植物としての性質をもち、裸地をすみやかに占有することが本領の植物である。

成熟した森林の中で、他の樹木に混じってヌルデが暮らせないとすれば、皆伐区にヌルデは、どのようにして侵入したのだろうか。ヌルデを見ると、丸い実が房状についているだけで、種子は風で運ばれるための翼をもたない。種子を、鳥が散布することが考えられる。鳥が落とす糞のなかに、ヌルデの種子が含まれていて、それらが、皆伐区の土中に*埋土種子として、休眠していたことも考えられる。

ところが、ヌルデの種子は、通常の状態では、なかなか発芽しない。鷲谷いづみ・竹中明夫は一九八六年に、ヌルデの種子が、摂氏五〇度以上の高温にさらされると、表面の不透水膜がとれて、種子が吸水可能な状態になり、その後は、八度から三〇度の温度で発芽が可能になることを示した。植生の被覆がとれた皆伐区では、このような高温が充分にもたらされる。おそらく、皆伐区に鳥が運んだ

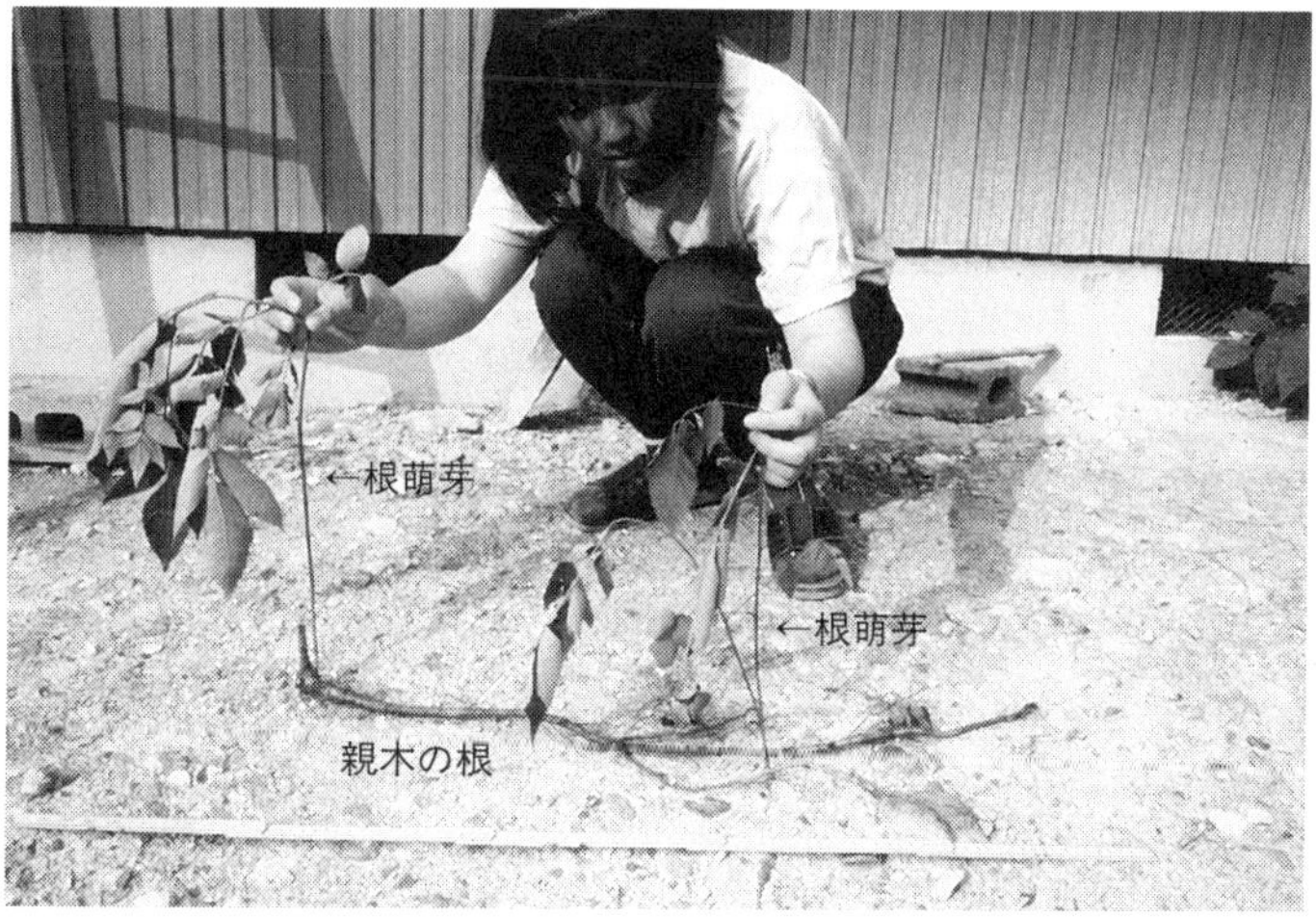

図 4・3　ヌルデの根萌芽
親木の根から 2 本の根萌芽 (地上部) が出ている.
六厩調査地の皆伐区で採集.

種子が、強い日差しを浴びて発芽して、最初のヌルデの親株が出来たのだろう。

そのうえ、ヌルデは根萌芽で繁殖するという、すぐれた性質をもっている。一般に、樹木の更新は、種子と栄養繁殖によるものに分かれる。根萌芽は、もちろん、栄養繁殖の一形態である。樹木の萌芽繁殖は、森林ではごく普通にみられる現象で、前に示した切り株更新もその一つの形態である。親木の近辺に、すばやく子孫を残せるという、利点をもつ更新方法である。

皆伐区で、ヌルデの当年稚樹が発生する状態を調べていると、子葉をもつものに混じって、明らかに栄養繁殖によると思われる個体が、たくさん存在した。地下を掘ってみると、親木の根とこれらの当年樹が繋がっていた(図4・3)。私は、ヌルデが根萌芽を行うとは、この時まで知らなかった。同じように、パイオニア植物であるアカメガシワが、鹿児島県の海岸林で、根萌芽によって更新することを、川窪伸光らは一九九八年に報告している。六厩調査地で、ヌルデが皆伐区をすばやく覆った背景には、根萌芽を行う性質が、大きな役割を果たしたものと考えられる。

ただし、明治三〇年頃に起こった前伐採時に、同じように、ヌルデ林が成立したという証拠はない。しかし、その時も、パイオニア樹種が存在した可能性は高いと思われる。岐阜県の森林に分布するパイオニア樹種には、ヌルデ以外に、アカメガシワ・クサギ・カラスザンショウ・タラノキ・ノイバラ・キイチゴ類などがある。これらのうち、冷温帯で、大面積の一斉林を作る樹種は、ヌルデだけかもしれない。キイチゴ類は、現在の皆伐区にも、たくさん存在しているが、林冠に到達することは少ない。これらのことより、約一〇〇年前の伐採跡地にも、ヌルデ林があったとしてもおかしくはない。

もう一つ、忘れてはならないパイオニア植物の重要な特性がある。それは、パイオニア植物が、概して短命であることだ。吉良竜夫の『熱帯林の生態』(人文書院、一九八三年)によると、トウダイグサ科やクワ科などのパイオニア的樹種は、一年で数メートルという、驚異的な速度で幹を伸ばす。しかし、それらの樹木の材は柔らかく、樹体支持の面で問題があり、長くても樹齢二〇年までに枯れてしまう。

このことは、六厩調査地の皆伐区におけるヌルデの繁栄が、そう長くは続かないことを、意味している。いまのヌルデの一斉林冠がもし崩壊したなら、そのあとにどんな森林が出来るのだろうか。そう考えて、実は、私は、それが今か今かと、楽しみに待っていた。そういう森林遷移の重要な一コマを、実際に、自分の眼で観察した研究者は、ほとんどいないはずである。

しかし、ヌルデ林の崩壊が起こる原因を、私は的確に摑んでいなかった。たぶん、伸びきったヌルデの樹体構造が、光合成と呼吸のバランスを崩す方向に向かうことが、その原因であろうと思っていた。あるいは、よくいわれるように、成長速度の落ちたヌルデを、他の樹種が追い越すことによって、ヌルデが枯れるのかもしれないと、当時は思っていた。

そして、なんとこの一年後、六厩調査地で、皆伐区のヌルデ林の崩壊が、私の目の前で起こった。その崩壊は、これら二つの予想を、まったく裏切るような原因から生じた。

3　ヌルデ林の崩壊

皆伐区のヌルデ林の様子がおかしい、と気づいたのは、伐採から一二年を経過した時、一九九六年の夏であった。その年の春まで、ヌルデの木は蒼々として、健全に生育していた。大学が夏休みに入って、六厩調査地にでかけると、ヌルデの葉は、いつのまにか何者かに食われており、小葉がなくなって主軸だけの複葉をもつ個体が、多いことに気が付いた。ヌルデの葉の食害は、七月中旬から九月上旬まで続き、秋になると皆伐区の斜面下部のヌルデは、ほとんど葉をもたない裸の状態になった。

ヌルデは開葉が遅い樹種であり、六甌では、五月下旬から六月下旬に開葉がはじまって、シュートが伸びる。そして、シュートの伸長は、八月上旬まで続く。一九九六年に起こった葉の食害は、シュートが伸びる最中、または伸びきった時に生じた。また、冬芽までが、食われていた形跡がある。葉の激しいダメージは、当然、樹木の生存を直接的に脅かす。はたして、翌春に調べた結果では、葉の食害を激しく受けたヌルデは死亡した。ヌルデがとくに多かった斜面下部で、ヌルデ林は崩壊してしまった。ついに、植生が変わる一コマを、実際に、自分の眼で見ることができたのである。

葉を食害した犯人は、ヤガ科に属す「フサヤガ」であった（図4・4）。図鑑によると、この蛾は、ウルシ科樹木の葉だけを選択的に食べる。被害の最盛期には、ヌルデの葉の表面に、小さな青虫が無数についていた。しかも、ちょうど幸運にも、ある大学院生が、六甌調査地の昆虫相を調べているときにこの被害が起こった。そのために、被害の様子を、定量的に評価することができた。樹冠の七割以上の部分を食害されたヌルデが、翌年までに枯死した。この結果、皆伐区の斜面下部では、一年間で五三％のヌルデが完全に枯死した（谷津繁芳・小見山、一九九八年）。生き残ったヌルデも、細々と葉をつけている状態で、これらの多くはそれ以降に次々と枯死した。現在では、白骨のようなヌルデの木の残骸を、皆伐区に見ることができる。

ただし、フサヤガによる被害は、皆伐区の斜面上部では比較的小さかった。これは、斜面上部では、ヌルデの密度がもともと小さく、樹冠づたいに隣の木に、フサヤガの幼虫が移動できなかったためで

図 4·4　フサヤガによるヌルデの葉の食害
六厩調査地の皆伐区にて採集.

ある。斜面下部で、一面がヌルデ林だった場所では、ヌルデの樹冠が連続するために、被害の拡大が速かったのだ。

ただ、私が不思議に思ったことがある。ヌルデが被害をうける前年まで、フサヤガは目につくほど密度が高くなく、一九九六年だけ、突発的に大発生した。そして、その翌年になると、再びフサヤガの幼虫は、たまに目にする程度の密度まで落ちた。一般に、限定された食性をもつ昆虫は、食草を全滅させることは少ないとされる。フサヤガの爆発的な大発生や、急に潮が引くように撤退したメカニズムはどのようなものであるのか。フサヤガは、六戝の皆伐区を、いかにして発見し、大発生の後、どこに行ってしまったのだろうか。

かくして、ヌルデ林は、皆伐から一二年後に姿を消した。皆伐区で、ヌルデだけが消滅したことは、当然ながら、他の樹種に大きな影響を与えた。いままで、ヌルデに遮られていた光が、急に林床に入射するようになった。その結果、ヌルデの下に隠れていた樹種が、光を浴びるようになった。シナノキ・イタヤカエデ・ミズキ・エゴノキ・ツノハシバミ・ホオノキ・ヤマハンノキなどが、旺盛な成長を開始し、新しい林冠が徐々に形成されていった。皆伐区の林冠で、樹種の入れ換えが生じたのである。

新しい林冠は、そのほとんどが、切り株萌芽起源の個体や、他の萌芽起源で複幹をもつ個体、そして比較的初期に、実生繁殖した個体で構成されていた。皆伐から一〇年間が経過すると、種子繁殖で発生する稚樹は、ほとんどみられないようになった。また、発生したとしても、暗い林床で、一年以内に死亡した。このことから、攪乱の当初に存在した樹木が、もっぱら、それ以降の森林の時間的変化に関係することが考えられる。

4　森はたえず動いている

「皆伐区」を設けてから、現在まで、およそ一五年間が経過した。その間に起こったドラマチックな森林変化は、前節で述べた通りである。ここで、六厩の森林史の資料は、一気に一〇〇年後まで飛んでしまう。なぜなら、その中間の年にある森林が、六厩調査地にはないために、私には、それを調べようがないからだ。現在、六厩調査地の「対照区」の森林は、約百年生に達している。この森林を使って、伐採されてから一〇〇年後の森林の姿を考えてみよう。

さて、樹木が密生する「皆伐区」の林から、すぐ横にある、「対照区」の森に入ると、整然と、大きな樹木がたち並んでいる。それらが作る緑の天井を仰ぎながら、下生えの中を歩く。いいようのない、静かさと安定感が、周囲に漂う。確かに、大きな森林は、人間の心を鎮める力をもっている。一〇〇年たつと、こんなに立派な森林になって、穏やかな様相を示すようになるのだ。しかし、よく見ると、立木の中には枯れ木も混じっている。まれには、根ごと、転倒している木もある。ひょっとすると、こんなに静かな森林でも、樹木の栄枯盛衰の顚末が、その中にはあるのかもしれない。

私が、この「対照区」の森林とつきあいだしてから、二〇年という歳月が流れた。当初の記憶を探ると、昔の森林には、いまよりもギャップが多かったようにも思う。しかし、全体としては、今見ているような森林の姿が、昔から続いていたように思う。

実は、私のこの記憶は、まったくの誤りであった。それに気づいたのは、二枚の樹冠投影図を見くらべたときであった。百年生の森林といえども、ダイナミックに変化していることを、その時に思い知らされた。森林の変化を、記憶に基づいて再現するのは、危険なことである。必ず、科学的なデータを参照しながら、これを行う必要がある。まさに鉄則は、「フィールドワークは、記憶するより、記録せよ」なのである。

対照区で時期を変えて書いた、二枚の樹冠投影図を見ていただきたい（図4・5）。一九八三年に、この森林は、かなりの数のギャップをもっていることがわかる。それらの面積は、一七％に達している。しかし、一九九六年には、それらのギャップの大半は、林冠に飲み込まれてしまい、その面積率は、二・五％にまで縮小している。これらの図から見るかぎり、この一三年間で、対照区の林冠には大きな変化が起こっている。一部の樹木が成長して、樹冠を拡大した一方で、別の樹木は死亡していった。

毎木調査の結果によると、一九八三年の対照区には、胸高直径八センチメートル以上の樹木が、六〇八本あった。このうちの九五本が、一九九六年までに死亡している。また、この期間に、八センチメートル以上に進級した樹木が、二八本あった。全体として、この森林では、一三年間で、立木本数

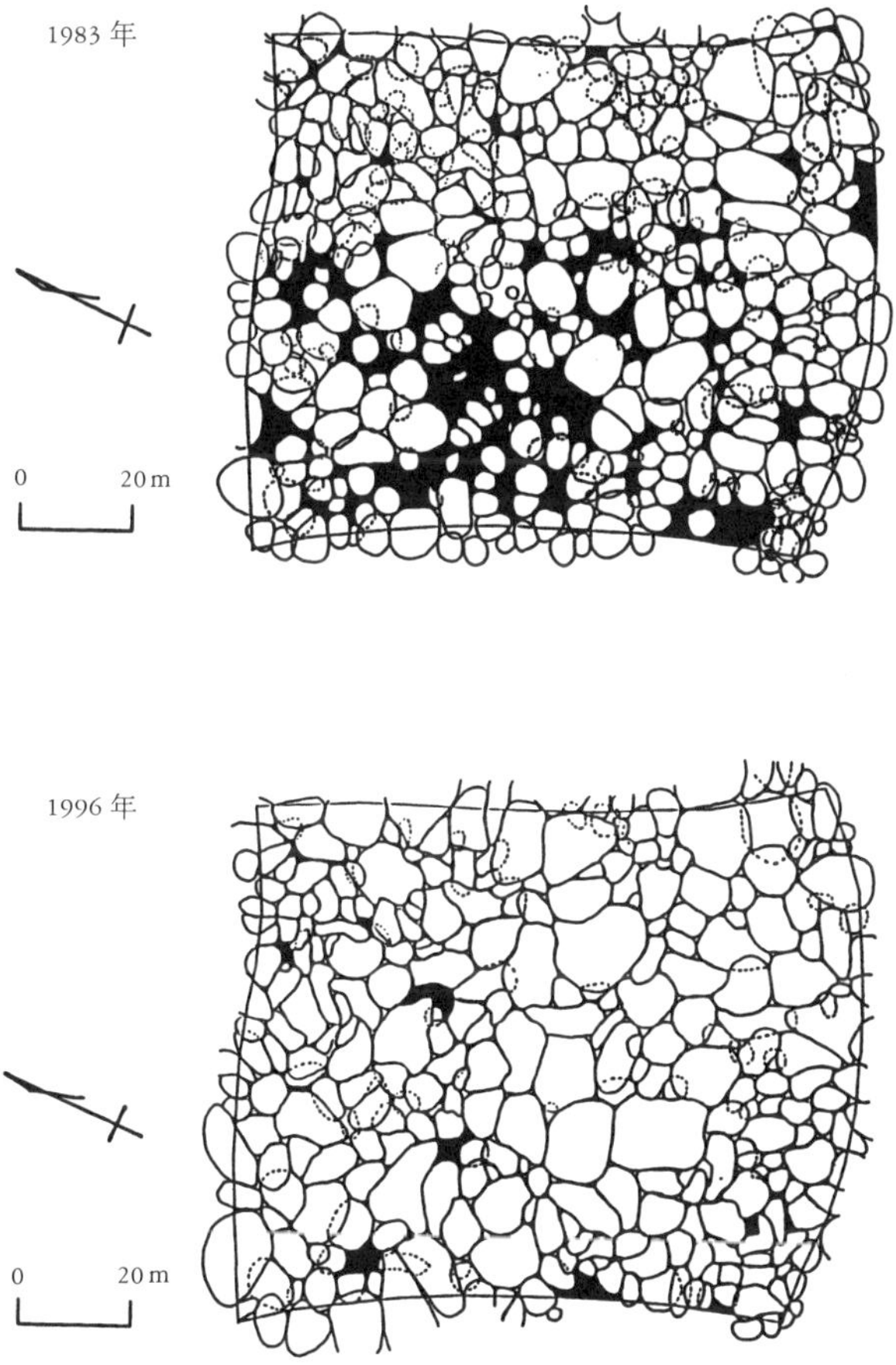

図 4・5　六厩調査地における 13 年間の林冠変化
上下二枚の図からわかるように，対照区の森林は時間とともに大きく変化している．

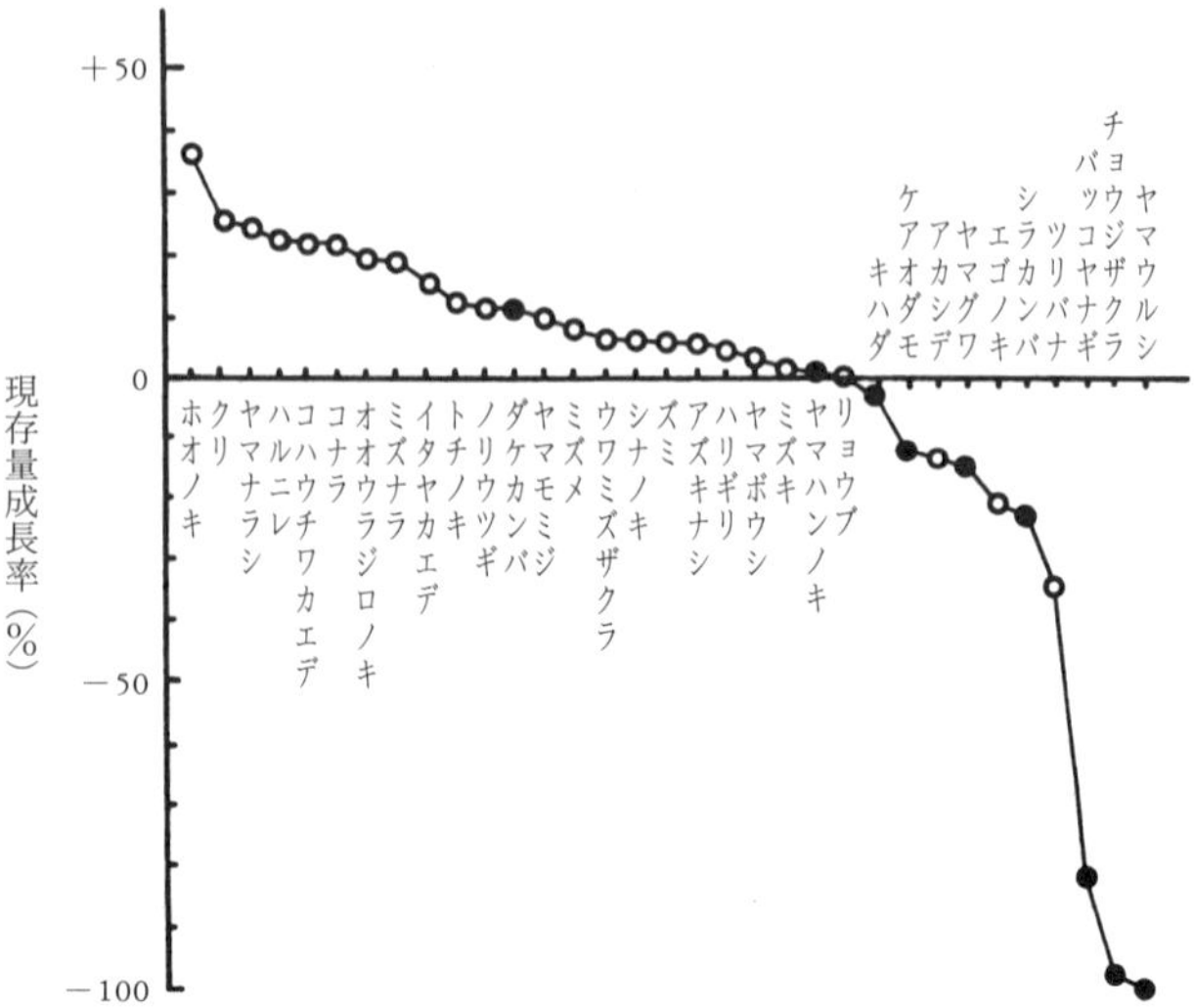

図4・6　樹種別の現存量の変化
調査地の森林が90年生から100年生になる間の各樹種の消長を示す．●強い陽性樹種（小見山，1993年を改変）

が六七本減ったことがわかる。また、一九八三年から一九九一年までの八年間で、この森林のバイオマスが、一三二トンから一五三トンにまで増加したことがわかっている。立木密度が減って、バイオマスが増えたのであるから、個々の樹木のサイズが、平均的に大きくなっているのだ。しかし、その陰で、相当数の樹木が死亡している。

　このように、対照区の森林に、ダイナミックな動きがあった。では、各樹種の消長は、どのようになっているのだろう。図4・6に、一九八三年から一九九一年までの期間で、それぞれの樹種のバイオマスが、どのように成長したかを示した（一九九三年、小見山)。

成長率が高い順に樹種を並べたところ、四〇%もバイオマスが増えた樹種もあれば、マイナス一〇〇%、つまり、この森林から消滅した樹種までが存在した。ホオノキ・クリからミズナラに至るまでは、この八年間で、旺盛な成長を示した樹種群である。ヤマハンノキ・リョウブ・キハダなどは、成長がほとんど停止している。一方、ケアオダモ・アカシデ・ヤマグワからヤマウルシに至る樹種群は、成長量がマイナスを示した。すなわち、この森林から、消え去りゆく樹種群である。とくに、ヤマウルシ・チョウジザクラ・バッコヤナギは、消滅に近い状態にある。図中に黒丸で示した樹種は、強い陽性を示すものである。これらの衰退が、激しいようである。このように、百年生の対照区の森林では、一部の樹種が隆盛に向かい、他のものが衰退している。単なる観察だけではわからない樹種構成の変化が、やはり起こっていたのである。

落葉広葉樹と総称される樹木にも、当然、成長様式が異なる樹種が含まれている。次に、初期成長量と、この森林で大きくなれる最大のサイズが、樹種によって、どのように変化するか調べてみよう。皆伐区の樹木の根元で、成長錐を使って幹材のサンプルをとり、年輪から直径成長パターンを調べた。このパターンに、単純ロジスティック曲線*が適合したので、この曲線がもつ二つのパラメータから、それらの関係を求めた(図4・7、一九九五年、戸田清佐・小見山ら)。

樹種により、成長係数と限界直径が示す範囲は異なっている。シラカンバの三個体は、成長係数は大きいが、限界直径が小さい特徴をもつ。ただし、成長係数は、初期成長の速さをあらわし、限界直

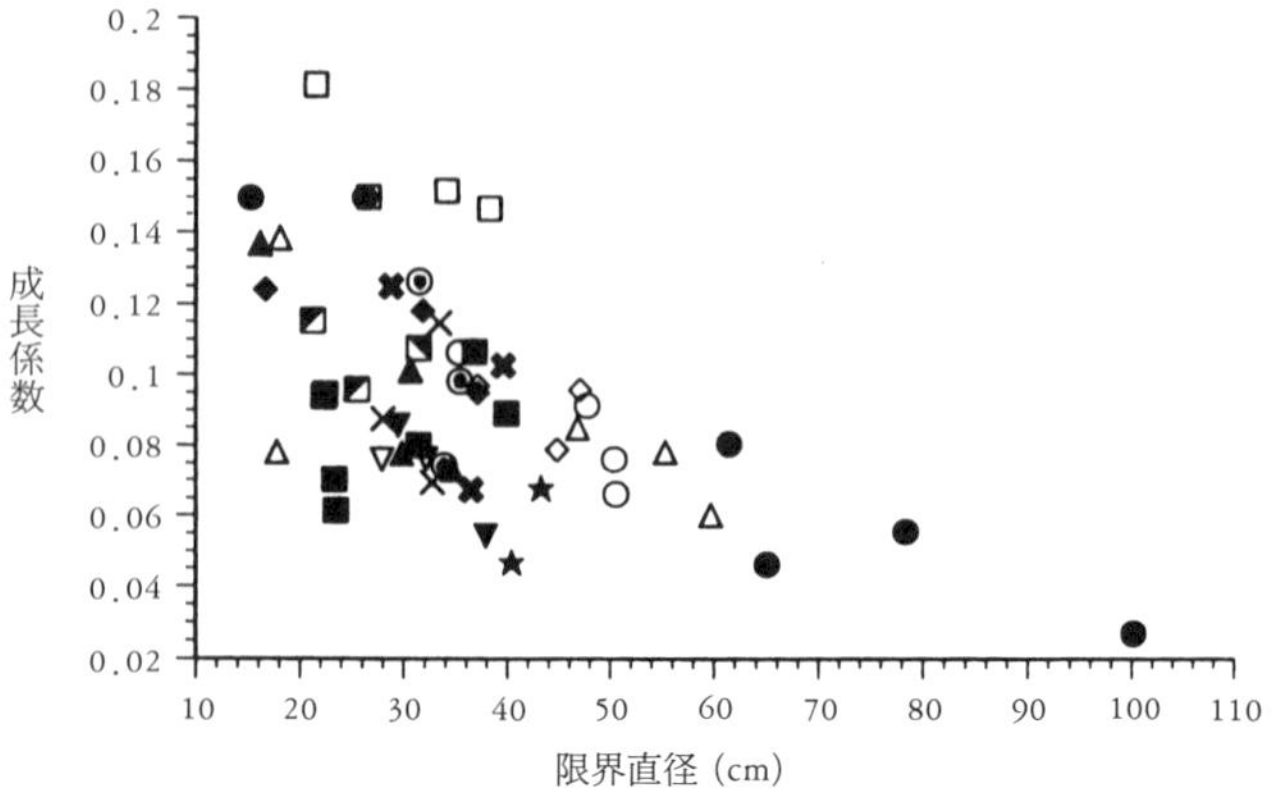

図 4•7　落葉広葉樹の成長特性
成長係数は初期成長の速さを，限界直径はこの森林で最大限に大きくなれる直径の上限を示す．
ミズナラにくらべてシラカンバは，大きくなれないかわりに，初期成長が速い．
●ミズナラ　□シラカンバ
その他の記号は，樹種名を略す（原典参照）．（戸田・小見山 1995 年を改変）

径は、この森林で大きくなれる最大のサイズを示す。この森林で、シラカンバは、初期成長が速い代わりに、大きなサイズにはなれない。これとは逆の関係が、ミズナラにあらわれている。これらの一部の個体では、成長係数が小さくて、限界直径が大きい。ミズナラが、この森林で巨大なサイズになり得ることを示している。

しかし、多くの樹種は、成長係数と限界直径が、これらの中間の値を示している。皆伐区の森林には、成長様式が似た樹種が多い、ということになる。これらが、現在、空間を確保するために、しのぎを削って競争しているものと、考えられる。また、成長係数と限界直径が、ともに大きい樹種は存在しなかった。成長速度と限界直径の間には、トレードオフの関係があるようだ。

5 六厩調査地の百年史とそのゆくえ

六厩調査地における森林の百年史を、あらためて、整理してみよう（図4・8）。明治三〇年頃に行われた伐採によって、前代の森林は裸地に返り、そこで新たな森林の再生がはじまった。萌芽と種子繁殖により幼植物が定着して、ほぼ一〇年間の間に将来の森林を構成する樹種が伐採跡地に蓄積された。この中でも、パイオニア樹種であるヌルデは、その強い繁殖力と速い成長で、伐採跡地を占有した。ところが、フサヤガの食害により、ヌルデ林は、伐採から一二年後に崩壊した。ついで、ヌルデの林冠下に存在した樹木の成長が活発になった。それらが、次第に林冠を形成した。この時点で、混成林がここに成立した。さらに、時間が経過して、樹木が成長すると、個体間で空間獲得のための競争が激化した。この中で、バイオマスを順調に増加させてゆくミズナラ・カエデ類・ホオノキなどに対して、バイオマスが徐々に減少してゆく、シラカンバ・バッコヤナギ・ヤマウルシ・サクラ類などがあらわれ、そして、強い陽性を示す樹種は、伐採後一〇〇年が経過すると、森林から

0年
（明治30年頃）

裸地の出現と更新の開始

金鉱石の採掘と処理のため前代森林が皆伐された
埋土種子の発芽
切り株から萌芽がでる
外から種子が飛び込む

ヌルデ林ステージ

陽性の強い樹種（ヌルデ、キイチゴ類、ゴマギなど）
が早い成長で林冠を覆う
林冠下には今後の森林を担う多種が待機している
（ミズナラ，コナラ，キハダ，カエデ類，シナノキetc）

１２年

ヌルデ林の崩壊

フサヤガの葉食害でヌルデが全滅する（斜面下部）
林冠下で待機していた樹種が旺盛な成長を開始する

１００年
（現在）

混生林ステージ

多様な樹種が林冠を構成し互いに競争し会う
樹種組成は時間とともに変化する
死亡率が高い：シラカンバ，バッコヤナギ，
キハダ，サクラ類など陽性樹種
死亡率が低い：ミズナラ，カエデ類，ホオノキなど
多様な下層木が林内で生育する

単調化ステージ

競争の結果、林冠の樹種組成が単調化する
大径のミズナラが主体となる？

２００年？

定常状態？

天然林状態に移行し、持続的に自己維持される

図4・8　六厩調査地の森林史

衰退していった。現時点でも、なお、六厩調査地の「対照区」は競争状態にあり、将来にわたり樹種の構成が変化すると考えられる。

さて、現在まで約一〇〇年間の森林史は、このようである。では、これより将来、六厩調査地」の「対照区」の森林は、どのように変化するのだろう？

これは、あくまでも予測にすぎないが、私は、ミズナラなど、ごく一部の長命な樹種だけが、巨大木として六厩調査地に生き残ると考えている。現在の対照区の森林で、これらの樹種は、比較的高いバイオマス成長率を示す。ミズナラは、いわゆる「暴*れ木」的な樹形をもつものがあり、幹の低い位置から大きな枝を張り出している。このような樹形が、広い空間を占有することにつながり、その結果として、他の樹種を被圧しながら、大型の個体に成長することが考えられる。

前掲の二枚の樹冠投影図が示すように、現在の対照区では、樹木群が熾烈な樹冠張り出し合戦を行っている。単純に考えると、空間奪取の競争を征するものは、枝を他の樹木の上に張って、広い樹冠を形成できるものである。それができないものは、森林から脱落していく。隅田明洋と私は一九九七年に、落葉広葉樹の樹冠形の違いを解析した。陽性のカンバ類は、下枝の枯れ上がりが速く、幅が狭くて厚みが薄い樹冠をもつ。また、個体あたりの葉面積は、大枝をもつ他の陰性樹種とくらべて少なかった。このために、二次林の発達にともない、陽性のカンバ類が衰退していくと考えられた。

これとは違って、一端確保した空間を、頑迷に保持する樹木も、対照区の森林に、生き残るかもしれない。それには、他の樹冠の被圧に屈せず、葉層を保持することが必要である。葉が高い耐陰性をもつ、一部のカエデ類などに、それが可能と考えられる。

以上の考察によると、将来も、六厩調査地の森林では、樹種の単調化がさらに進むものと考えられる。最終的には、ミズナラに、一部のカエデ類などが混交する森林に到達するだろう。この時、老木が寿命に達して枯死し、そのギャップを若木がふさぐような状態が生まれ、森林が天然林状態に移行するかもしれない。この予言は、一〇〇年ぐらいに後に、その真贋が問われる。その時、私はもういない。

ここで、六厩調査地でみられた森林の変化パターンと、従来から論じられている植生遷移論との関係を、少し検討してみよう。最も古典的な植生遷移論では、「ある場所が裸地になると最初に陽樹が定着して、そこで繁茂する。陽樹の稚樹は、自らの親木の被陰*効果で死亡しやすい。そこに、陰樹の稚樹が侵入し、定着をはじめる。これらの陰樹は、次第に成長して、前にあった陽樹に高さで追いつき、ついにはそれらを駆逐する。新しく林冠を形成した陰樹群が、極相林を構成する」といわれている。しかし、六厩調査地では、最初に陽樹のヌルデが繁茂した点を除くと、上のいずれの現象も起こらなかった。とくに、下方の樹木が成長して、上方の樹木を追い越すような現象はみられなかった。また、六厩の調査地では、陰樹と陽樹の侵入時期に、大きな違いはなく、ほとんど同時的に、陰樹と陽樹が最初から存在していた。

一九七七年にJ・H・コンネルとR・O・スラッチャーは、遷移現象を、いくつかのモデルに分けた。六厩調査地では、彼らのいう「促進モデル」は起こらず、「耐陰性モデル」に近い現象が起こった。しかし、森林再生の初期に、一部の樹種の成長率が高まったのは、フサヤガの加害を契機にして、ヌルデの枯死が起こったためであった。動植物間の相互作用が、森林の樹木に変化をもたらした点が興味深い。また、六厩調査地では、森林が成熟した後でも、長期間にわたって、樹種構成に変化が生じている。同様の現象を、一九九二年に大沢晃は、「平行モデル」を持ち出して説明している。多くの「モデル」が考え出されているが、六厩調査地の森林の時間的変化は、いくつかのモデルを組み合わせて、ようやく説明が可能となる。

以上のように、二次林は、実に変転きわまりない存在である。人間の目から、森林が安定しているかのように見えるのは、単に、観察期間が短すぎるか、観察に綿密さが欠けているからである。たとえ話でいうと、森林の時間的変化は、多くの幕と場をもつ演劇のようなものである。それぞれの幕で、主人公が入れ替わって、全体の演劇が進行する。ある幕の主人公が、次幕では突然いなくなったり、前幕の脇役が、今度は主人公になったりする。全体の筋が途切れないのは、最初から多くのキャラクターが、劇中に用意されているからである。あるいは、この劇は、舞台環境がかなり変化しやすく、全体の筋が固定されていないのかもしれない。

このたとえ話で重要な点は、キャラクターの多様さが、演劇の幕数や長さに関係することである。多様な樹種が森林に存在すると、森林が長く持続できる場合もあるだろう。六厩調査地の森林は、その一例である。その逆に、樹種の数が極端に少ない場合は、一代の森林の持続期間が短くなる可能性がある。現在、森林は人間によって、高頻度かつ大規模に利用されている。この結果、もし、いくつかの樹種が、森林から欠損していくとすれば、森林の維持機構にとって大きな損失を与えることにもなろう。このような、森林の変質に、私たちは注意を払わねばならない。

第五章◎季節と下層木の生活

1　落葉広葉樹林の四季

落葉広葉樹林には、四季の姿がある。季節で変化する環境に対して、樹木は、それぞれが特有の生活をもっている。このような、季節と生物の関係を研究する分野に、生物季節学（フェノロジー）がある。この章では、フェノロジーに関係する樹木の性質を検討し、そのあとで、樹木群が繰り広げる生活、とくに、下層木の生活を浮き彫りにしたい。まず、六厩の四季が、どのようであるかを見てみよう。

春は、生き物が待ちこがれる季節である。三月に、六厩の森一面を覆っていた根雪も、春の暖かい日差しを浴びて、樹木の根元から先に解けだし、林床に雪のまだら模様があらわれる。樹木が春を謳歌し、葉と花の準備に忙しい様子が伝わってくる。日増しに、春の光は強くなり、気温は暖かくなる。まず、タムシバの花が咲く。落ち葉の森で、白い大きな花は浮きだち、タムシバは自分の存在を誇示する。

四月に入ると、日が長くなり、いつのまにか、林床の雪はすべて消える。いままで根雪の下で、眠っていた下層木が目を覚ます。最初は、ぐったりとしていた彼らも、そのうち動きはじめる。芽が膨らんで、その先端から葉の先が顔を出す。ツリバナやコマユミなど、低木の開葉は大変早く、森の下の方だけが緑になる。

下層木が、春を享受する五月の初旬にも、上層木の春はまだ来ない。ほとんど木は、まだ芽を閉じている。裸の林冠を通して、春の光が、たっぷりと林床に注ぎこまれる。一雨ごとに、緑が目立って増える（巻頭グラビア図1・1(2)参照）。木の種類によって、葉の開き具合に違いがあり、遠くから森を見ると、今度は緑と茶のまだら模様となる。五月の下旬になっても、樹木が恐れる晩霜が降りることがある。ようやく六月に入って、すべての樹木の展葉が終わり、ここにして、上層木の春はたけなわとなる。しかし、林床は一転して暗くなり、下層木は、これから秋まで、長い日影の生活に入る。

六月も中旬になると、梅雨が始まる。森に、光と水があふれる季節が訪れる。たっぷりと水を吸い上げた木が、梅雨の晴れ間から、若葉で光を吸い込んでいる。一年のうちで、森の活動が最も活発な時期が訪れ、この時期に木の幹は成長し、たくましく育つ。樹木にとっては、一番の稼ぎ時である。

七月が終わる頃、梅雨が明けて、いよいよ、本格的な夏が到来する。夏は、日差しが強い代わりに、渇水に見舞われることがある。強い日光が照りつける真昼には、樹木の葉は、ぐったりと萎れたようになる。下層木は、林冠下の暗い林床で、時々、さしこむ木漏れ日をうけ、細々と暮らす。秋に向かって、一枚一枚、葉の老化がはじまり、次第に、葉の表面がこわばってゆく。

九月に入ると日が急に短くなって、気温も徐々に低くなる。樹木は最後の稼ぎに入り、木の実は、いよいよ熟して親木から離れる準備に取りかかる。ときおり訪れる台風で、枝が折れたり、弱い木が倒れる。一〇月は、紅葉の季節である。六厩では、コハウチワカエデの淡いが鮮やかな赤色に、他の樹木の黄色が混じる様子がとくにすばらしい（巻頭グラビア図1・1(4)参照)。木の種類によって、赤や黄色に染まったり、一本の木が、時間とともに色を変えることもある。どうして、葉を落とす時、樹木はこのように美しい姿になるのだろう。そして、いろいろのキノコが、落ち葉の間に頭を持ち上げる。樹木の落葉は、雨や風によって、ほんの一時のうちに終わる。そのあと、森は淋しい姿に戻る。

一一月になると、雪が降り出し、木々は堅く芽を閉じて長い冬に入る。一二月から一月にかけて、本格的な降雪がはじまると、一メートルぐらいの雪が林に積もり、下層木は、その中に閉じこめられてしまう。しかし、雪の中は、外より暖かくて、案外すごしやすい場所である。それよりも、寒風にさらされる上層木は大変である。芽や枝を、凍らせないようにしないといけない。そして、一冬を、じっと眠って樹木は過ごしている。

さて、六厩調査地の樹木は、このような四季の変化を経験しながら、長い一生を送っている。樹木の生活を解き明かすうえで、フェノロジー（生物季節学）を調べることは重要である。樹木は、不動の環境の中に生きているわけではない。四季の変化をうまく利用して、生活しなければならない。動けない彼らは、自分の体を調節することによって、四季の変化に対応した生活を身につけている。したがって、怖いのは、季節の進行が狂って、樹木の生活が脅かされることである。

一つ、その例として、晩霜をあげよう。六厩で、一九八六年の五月二七日に、晩霜が降りたことがある。気温は、突然、マイナス五・三度まで下がった。この時期は、落葉広葉樹が開葉する時期である。周辺の、ホオノキ・クリ・キハダなどの葉は、ほぼすべて枯れてしまい、その部分は、山が茶色く見えた。これら、被害にあったのは、開葉が遅い樹種であった。普通、晩霜害は、開葉が早い樹種に出やすい。しかし、この時は例外で、早くから開葉が進み、すでに成熟した葉をもった樹木に、被害はみられなかった。皮肉なことに、晩霜を避けるために、開葉を遅らせていた樹種は、それが裏目となり、葉の大半を失った（一九八七年、小見山・水崎貴久彦）。季節の進行が少し狂うと、樹木は手ひどい損失を被るのである。

このような現象を間近に見ると、落葉広葉樹のフェノロジーの研究が、いよいよ私たちには、重要であると思えてきた。フェノロジーを調べることによって、それぞれの樹種の性質が、見えてくるに違いない。六厩調査地の樹木は、一年の中のどの時期を成長に使っているのだろうか？　まず、幹の肥大成長、および開葉と落葉の時期について、調べることにした。

この当時、落葉広葉樹の幹が、季節的にいつ成長するかは、あまり研究されていなかった。落葉広葉樹の幹で、一年間の成長量は、一センチメートルを越えることは少ない。一ヶ月間では、一ミリにも満たない成長量である。したがって、従来のように、巻き尺を使って、その季節性を調べることはできない。しかし、学術雑誌を調べると、この分野でも、意外に多くの先行者がおり、「デンドロメータ」という装置が工夫されていることがわかった。

このデンドロメータにも、いくつかのタイプがある。新潟大学の丸山幸平らが使ったものは、マイクロゲージを使って、非常に微細な直径差を検出することができる。しかし、このタイプは鋭敏すぎて、私たちがみようとする現象には合わない。すると、F・G・リミングが一九五七年に、手作りで出来るデンドロメータを紹介していた。このデンドロメータは、幹にアルミ製の細長いバンドを巻き付けて、その両端をバネでとめるだけ、という簡単な構造である(図5・1)。しかも、バンドに刻んだ正尺と副尺から、〇・一ミリの精度で直径成長がはかれる。幹の全周の成長がバンドに伝わって、その両端のズレから成長量が検出される仕組みをもつ。また、値段も一本数百円であるから、大量使用ができる。このデンドロメータについて、いくつかの改良を、当時、京都大学の荻野先生が行われた。

これは、六贋の調査地にぴったりなので、さっそく「対照区」で、二〇六本の樹木に装着して、一九八三年から二週間隔で肥大成長量の測定を開始した。測定したデータを、単純ロジスティック曲線に当てはめて、肥大成長の開始と終了の時期を求めた(一九八七年、小見山ら)。

一方、開葉と落葉の時期については、目視による観測で調べた。最初は、手に取れる範囲の枝について、葉の伸長量を計測して、定量的にそれらの時期を求めようとした。しかし、上層木には、どう

図5•1　デンドロメータ
アルミバンドをバネでとりつけたところ．0.1mmの精度で直径成長量を測れる

しても手が届かないので、しかたなく、目視による定性的な方法をとることにしたのである。毎週、六厩調査地の「対照区」にでかけて、双眼鏡で、芽が膨らみ、葉が伸びてゆく過程を、詳細に観察した。春に、冬芽の先端から葉先が出た時に注目し、樹木の個体で、半数の冬芽が開いた時点を、開葉時期と見なした。また、秋には、葉が変色および脱落する時期を、同様の観察から求めた。個体の半数の葉が、変色または脱落した時点を、落葉時期と見なした。

一九八八年から一九九〇年の間に、幹と葉のフェノロジーを、一九樹種について同時に調べた。それらの結果を、図5・2に示した（一九九一年、小見山）。幹が成長をはじめる時と終える時、そして、葉が出る時と落ちる時、これらの間にはどのような関係

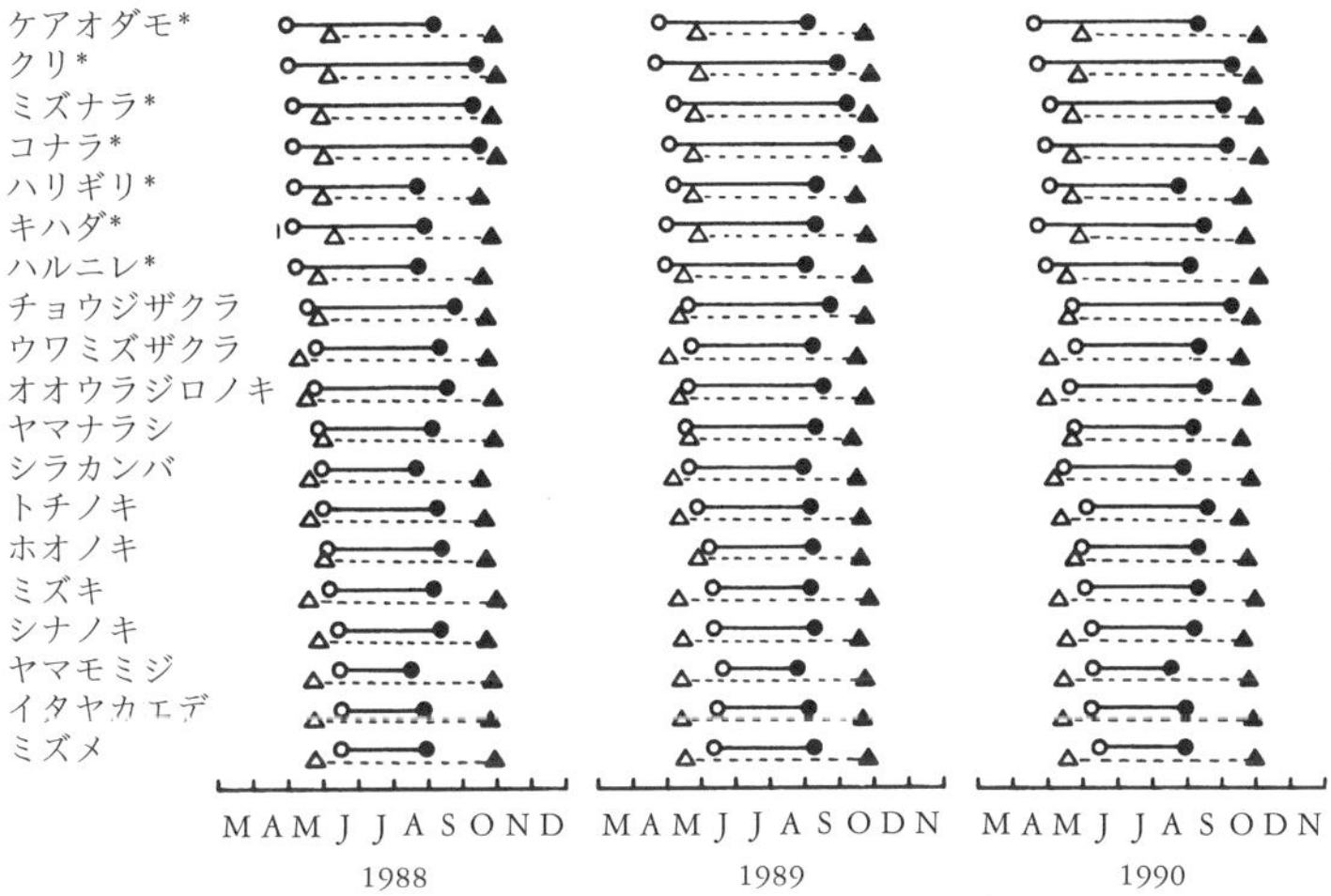

図 5•2　落葉広葉樹の幹と葉のフェノロジー
（小見山 1991 年を改変）
3 年間にわたって開葉と落葉，幹の肥大開始と終了の時期を調べた結果を示す．
＊環孔材を持つ樹種
△――▲開葉から落葉まで
○――●幹の肥大開始から終了まで

があるだろうか？

まず、幹の肥大成長の開始時期を見ると、ケアオダモからキハダまでは、四月下旬から五月上旬に、それが開始している。しかし、ホオノキからミズメまでは、六月に入って、ようやく幹の肥大が開始する。樹種によって、春に肥大成長を開始するタイミングは、不思議なほどまちまちなのである。

六厩調査地の中では、それぞれの樹木が成立する土壌や水分環境に、大きな違いはない。どうして、このように、肥大成長の開始時期に差が出るのか、最初は、まったくわからなかった。

ある時、木材図鑑を見ていた。落葉広葉樹の導管には、いくつかの配列パターンがある。ミズナラのように、春材と夏材で導管の直径に差があるものでは、年輪がはっきりとみられる。前述のごとく、このようなパターンは、環孔材と呼ばれる。一方、ブナのように、春材と夏材で、それに差が小さいものは、散孔材と呼ばれる。この時、この材のパターンと、デンドロメータで検出した肥大パターンの間に、奇妙な一致があることに気がついた。

図5・2をあらためて見ると、幹の肥大成長の開始が早い樹種は、環孔材をもっている。それに対して、その開始が遅い樹種は、散孔材をもっている。このように、材の性質と肥大成長の開始時期の間には、明確な関係が認められる。よく考えると、これは、決して偶然の一致や奇妙な現象ではない。木部の中で、導管が作られていくパターンは、そのまま季節的な肥大成長パターンと対応してよい。ここで重要なことは、この特徴が、樹木の生活にどう反映されているかという点である。

これに答えるためには、開葉と肥大成長の開始、この両者の関係を調べなくてはならない。ここでも、さらに奇妙な現象に出くわした。図5・2のケアオダモを見ると、開葉に先立って、幹の肥大成長が開始している。その他の環孔材樹種、クリ・ミズナラ・コナラ・ハリギリ・キハダ・ハルニレでも、三年間にわたり、同じ関係が認められる。「葉が出る前に、幹が太る」とは、私は思ってもいなかった。もっとも、散孔材樹種では、開葉と幹の肥大成長の開始は、ほぼ同時であるか、幹の成長開始が遅れる。このことを、学会で報告したとき、ある高名な先生が、このことについて質問されたので、案外、この現象について、私だけが知らなかったわけではなかったようだ。

実は、すでに、P・F・ワーレインが一九五一年に、この問題を取りあげている。彼によると、散孔材樹種では、春に展開した葉で作られた成長ホルモンが、幹に降下する。それから、幹の形成層活動がはじまり、肥大成長が開始する。それとは違って、環孔材樹種では、前年に形成された成長ホルモンの前駆物質が、すでに幹に貯留されている。すなわち、成長ホルモンの面では、環孔材樹種の肥大成長は、葉が出る前でも行える状態にある。

さらに文献を調べていくと、このような環孔材樹種と散孔材樹種のフェノロジーの違いは、実は、冬を乗り切る樹木たちの知恵であった。導管は、根から水を吸い上げて葉に伝えるという、重要な役目を負っている。ここで、想像して欲しい。ある太さの管で、水を高いところに上げる場合、細いパイプを数多く配置するのと、太いパイプを数少なく配置するのと、どちらが効率的だろうか？　答えは、明らかに後者である。壁面との抵抗が少ないほど、水は導管を伝って上がりやすい。

ところが、太い導管は、落葉広葉樹にとって、必ずしも有利ではない。温帯で暮らす樹木には、やっかいな冬の水涸れという現象が存在する。六厩では、冬に降水は雪となり、樹木が使える水分は、非常に少なくなる。このために、樹体内は、生理的乾燥状態にあるといってよい。このときに、導管の水切れ（キャビテーション）が、起こりやすい。長くつながった水柱に空気の気泡が入ると、導管は通導機能を失う。

このような原因で、環孔材の太い導管は、冬に、その機能が失われることが多い。T・T・コズロフスキーは一九六一年に、環孔材で水分通動機能をもつのは、材の最外側の狭い部分であり、導管は、形成されて数年経つと、閉塞して機能を失うことを示した。これに対して、細い導管をもつ散孔材では、水切れが生じにくい。それに、導管の寿命も長く、幹の断面の広い範囲で吸水が行える。

環孔材樹種が、幹の肥大成長を早春から開始するのは、葉を開くために、新しい導管を作る必要があるためであった。そして、散孔材樹種では、古い導管が使えるために、まず開葉からはじめることができるのだ。

落葉広葉樹にとって、春の開葉を早くはじめて、早春の光を利用することが、一次生産の面で重要であるかもしれない。しかし、前述のように、この開葉時期には、葉自身だけではなく、幹の事情が関係している。これらの結果として、散孔材樹種の開葉は、環孔材樹種のそれと比較して概して早い、という現象が認められる。

余計かもしれぬが、樹木の生態的特性を調べるときに、一器官のフェノロジーだけから、それを求める試みが、行われることがある。しかし、それは、樹体の総合的な仕組みを、あるいは、見逃しているかもしれない点に、注意を払わねばならない。六厩調査地では調べられなかったが、葉と幹以外に細根の状態が、季節によって変化することも考えられる。

次に、落葉広葉樹の開葉と落葉を支配する環境要因とは何だろうか？　このことを、気温や降水量などの気象を説明要因にとって、分散分析によって調べた。

開葉については、環孔材樹種と散孔材樹種ともに、積算日数と降水量が、強い支配要因であることがわかった。ここで、積算日数とは、春に、平均気温が摂氏五度以上になった日数の和を指す。驚いたことに、すべての樹種の開葉日が、積算日数から、正確に推定できた。たとえば、ウワミズザクラとキハダの開葉は、それぞれ、積算日数がおよそ二七日と五八日になった時点で発生する。年によって、春に温度差が生じるが、開葉と積算日数の関係に変わりはなかった。落葉広葉樹の開葉のタイミングは、樹木が気温の変化パターンを予想して決められている。生まれたばかりの幼葉が、晩霜に遭わないように、安全を見込んでいるのだ。ただし、開葉を行うには、充分な水も必要である。

一方、落葉には、開葉に見られたほど、樹種による時期の差がなかった。短い期間内に、多くの樹種が、一斉に落葉する傾向があった。私たちの分析からは、落葉時期を決める要因に、日長が検出された。しかし、この結果は、説明に選んだ時計的な要因に、日長しかあげなかったためかもしれない。特定の日に生じた大雨や風などで、樹木の葉が一時にもぎ取られる効果も、落葉の時期を決める大きな要因であると考えられる。

ところで、樹木の開葉、とくに、上層木の開葉時期は、森林の下層に分布する樹木群に、大きな影響を与える。早春に、森林の下層に入射する光の量は、上層木の開葉フェノロジーと、密接な関係をもっている。私が本当に知りたいのは、このフェノロジーが、下層木の群集構造にまで影響をおよぼすかという点である。だから、この開葉時期については、綿密に検討しておかねばならない。

そこで、六厩調査地の上層木について、開葉の開始と停止の間にどんな関係があるかを、調べておくことにしよう(図5・3)。ただし、開葉の停止とは、葉が開き終わった状態のことをいう。

春、最初に葉が開くのは、バッコヤナギである。前述の積算日にして、一九日でこれは起こる。こ

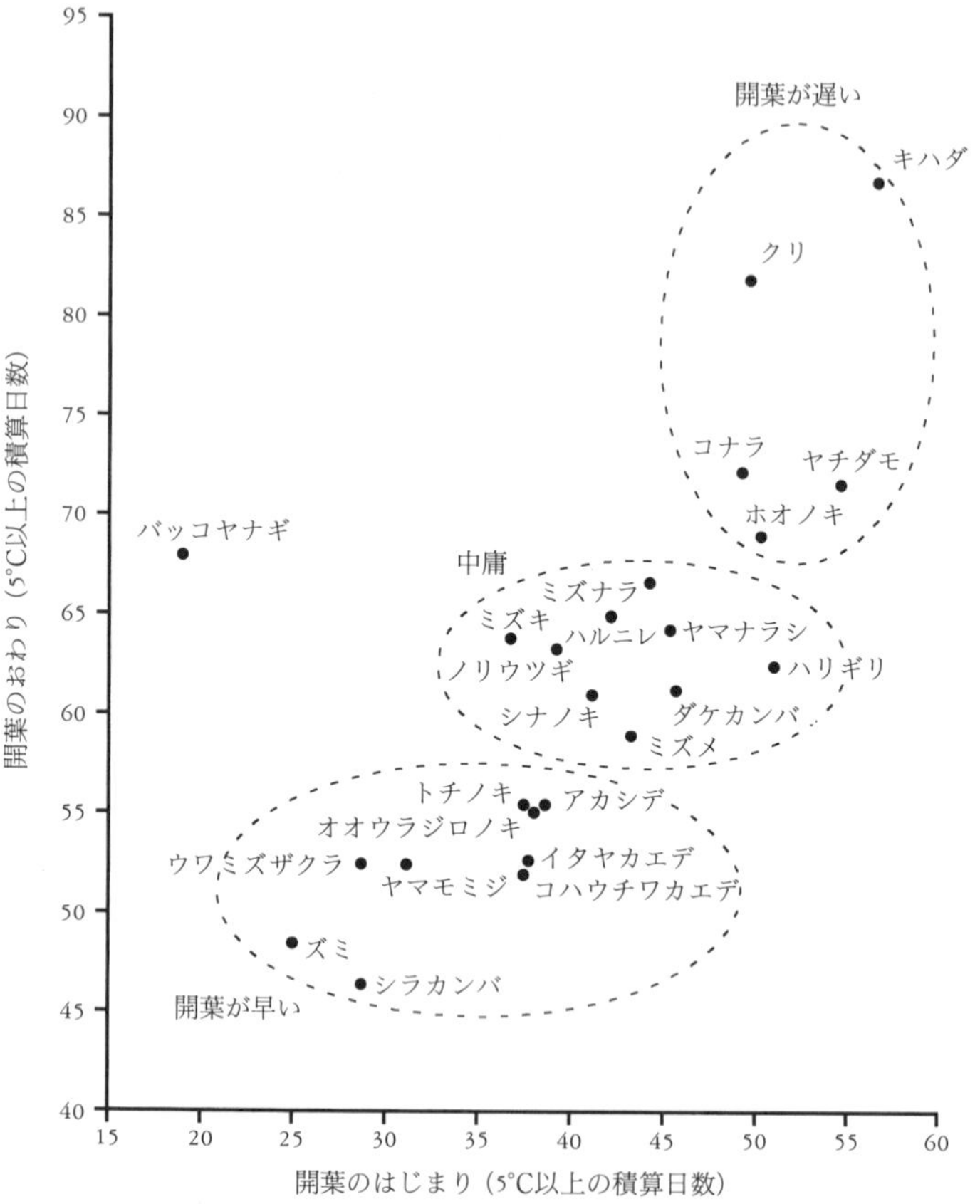

図 5•3　六厩調査地における落葉広葉樹の開葉時期
葉が開きだす時期と開き終わった時期の関係を示している．樹種により開葉の時期には大きな違いが認められ，早いものから遅いものまで点線で囲った3グループに分れる．バッコヤナギだけは，どのグループにも属さなかった．

れを、開葉開始が最も遅いキハダと比較すると、樹種によって、三八日間もの差があった。開葉の停止時期にも、樹種によって、一ヶ月間以上もの、大きな違いがあった。

六甌調査地で開葉を調べたのは、二三種の樹木である。これらは、開葉の開始と停止の時期から見て、三つのグループに分かれている。開葉が早い樹種は九種あり、シラカンバ・ウワミズザクラ・イタヤカエデなど、すべてが散孔材樹種で構成されている。そして、開葉が遅い樹種は五種、ホオノキ・ヤチダモ・クリ・コナラ・キハダがあり、ホオノキ以外は、すべて環孔材樹種であった。開葉時期が中庸である樹種には九種あって、ミズキ・シナノキ・ハリギリなどがある。バッコヤナギだけは、どのグループにも属さなかった。このように、開葉パターンには、大きな樹種差が存在する。

以上のように、六甌調査地の落葉広葉樹には、フェノロジー面で、樹種によって異なる特性が、顕著に存在することがわかった。しかし、さらに、重要かつ根本的な疑問が浮上する。狭い六甌調査地の内部では、季節環境はどこも同じであるはずだ。基本的に、開葉が早ければ、光合成に長い時間が使えるはずである。それなのに、なぜ、季節の利用形態が異なる樹種群が、ここに同居しているのだろうか？

これと同じ疑問に、M・J・ルコビッツが、一九八四年に挑戦している。北アメリカのある落葉広葉樹林を調べたところ、ここに同所的に存在する樹種にも、開葉時期に大きな樹種差が認められた。ルコビッツは、晩霜を避けることが、開葉時期を決める基本要因と考えている。彼は、そこに存在する樹種が、ブナ属・シナノキ属・カキノキ属などのように、熱帯起源のものと、それら以外の温帯起源のものに、分かれていることに注目した。熱帯起源の樹種は、その場所で、温帯起源のものより、開葉が遅かった。

ルコビッツが調査した森林は、ウイスコンシン氷河が撤退した後に出来た場所にある。樹木は、南の方向から侵入してきたものと見なせる。氷河が撤退した時期からすると、場所によって、侵入の時期に差が生じる。たとえば、オハイオは、ケベックやミネソタよりも、三〇〇〇年から四〇〇〇年も早く、樹木が侵入したはずである。しかしながら、どの場所でも、開葉の順序に、大きな違いは認められなかった。これから考えて、この程度の時間の長さでは、開葉フェノロジーが進化するには、至らなかったのだと、ルコビッツは結論している。

六甌調査地の森林も、これと同じ状態にあるのかもしれない。開葉フェノロジーが進化するほど、落葉広葉樹には、時間がまだ与えられていないのであろう。しかし、重要なのは、その結果である。開葉フェノロジーの樹種差は、一つの森林に、厳然と存在する。そして、それは、森林の動態に大きな影響を、与えている可能性がある。実際に、私たちが樹木のフェノロジーを調べた結果は、この章の後半で述べるような、意外な結末に結びついていったのである。

<余談その4>

―熱帯樹が感じる季節―

熱帯雨林の樹木は季節を感じられるだろうか？　赤道に近い低緯度地帯では、年間の日長差は非常に短いから、六甌調査地で見たように、樹木がこれを検知して、開葉や落葉をはじめることは、できそうに思えない。一五分間程度の日長差を、植物は検知できるという報告もあるにはあるが、それほど、植物は鋭敏かなあと考えこんでしまう。熱帯でも、雨季と乾季がはっきりしている場所では、水分変動に対応した季節性が生まれる可能性はある。しかし、目立った雨季がなかったり、それが不定期な場合には、樹木は、水分変動のパターンを基準にして、季節感をもつことはできないだろう。これからお話しすることは、荻野和彦先生（現在、滋賀県立大学、当時、愛媛大学）と山倉拓夫先生（大阪市立大学）たちの研究チームの一員として、私が熱帯樹の季節成長を調べる機会を得た時の様子である。中間まとめ段階にある二本の樹木資料に基づいて、自分の思いつきだけをこの余談に述べることをどうか許して欲しい。

マレイシア・サラワク州にあるランビル国立公園の混交フタバガキ林で、巨大高木から低木まで幹にデンドロメータをつけて、毎月の肥大成長量を三年間近く調べた。ここの平均気温は、一年中ほぼ一定であるが、一〇月から一月にかけて弱い雨季がある。図5・4に示したのは、胸高直径が二二センチメートルのニクズク科クネマ属の樹木、三八センチメートルのマメ科ピセセロじウム属の試料木である。

これらの肥大パターンを見て、皆さんはどのように感じられるだろうか。私が最初にこの図を見たと

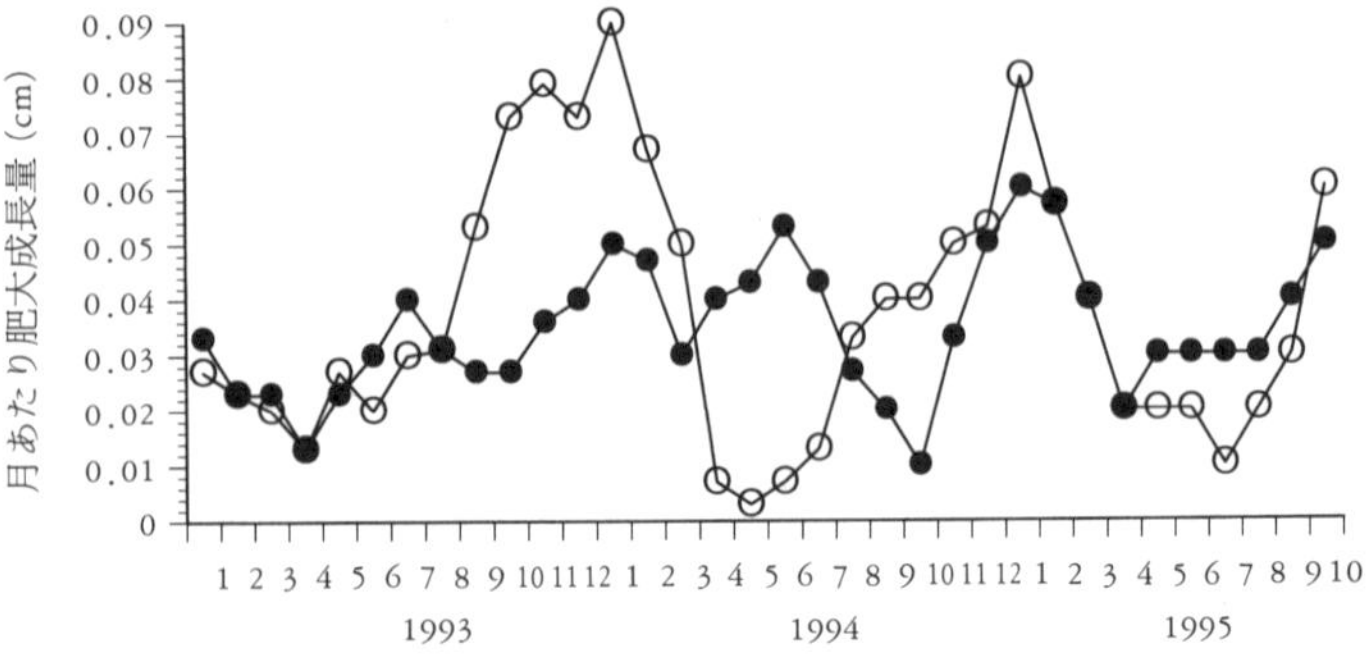

図 5•4　二本の熱帯雨林構成樹木の肥大成長過程（小見山ら，未発表）
いずれの個体も幹の成長に驚くべき周期性が存在する．
●ピセセロビゥム sp　○クネマ sp

きは、どうかして、日本の落葉広葉樹のデータがまぎれ込んだのかと疑ったぐらい、肥大成長に、一年または半年単位でのかなりはっきりした周期性が、認められるように思った。二本とも、どの年にも、四月と五月頃に肥大成長が落ち込む時期があり、マメ科の試料木では、さらに八月から九月頃に、それが落ち込む時期がある。この森林でデンドロメータを、二七六個体につけたが、そのうちの数十個体が、ほぼ同じ周期性を示した。一年二周期型の成長パターンが、林冠木に多くみられた。さて、何がこのような周期性を、少なくとも熱帯雨林の一部の樹木にもたらしたのか、という点にまわらない頭を悩ませた。とくに、一年に二回のピークがあるような周期的な環境変動とは何なのか？　考えたあげくに、一つだけそのような変化をする環境要因が、存在することに気がついた。

ランビル国立公園では、太陽は天頂角にして、最大二七・四度の範囲で変化し、一年一周期型で、毎年、同じパターンを繰り返して変化する。そして一年に二回、四月と九月に、太陽は正午に天頂を通過する。もし、太陽の天頂角を、コサイン変換すれば、きれいな一年二周期型の変動が得られるであろう。しかも、この四月と九月という時期は、林冠木の肥大成長が落ち込む時期と、ほぼ一致している。

なぜ、太陽が天頂付近にある時期に、肥大成長が低下しなければならないかが問題である。それは、一年中で最も厳しい日差しを、林冠木が浴びていることに、関係があるかもしれない。

2 下層木分布の謎を解く

いよいよ、私たちの研究室が悩まされてきた、下層木分布の「謎」を解く時がきた。これまで述べたように、六厩調査地の森林には、発達した下層が存在する。森林の下層で、樹木の密度が著しく高く、種数も多かった。このような特徴が、なぜ、もたらされたのかは、この二次林の動態を考えるうえで、大変重要なことである。そして、この特徴は、下層木群の空間分布に、最もよく反映されていた。

図5・6を参照されたい。この図には、六厩調査地の対照区における、下層木の分布が示されてい

る。すぐわかるように、下層木は、調査地の一面に、まばらに分布しているのではなく、いくつかの場所に、集中して分布している。これから考えると、集中斑*を示す場所の存在が、そもそも下層木の密度を高くしており、同時に、その種数を多くしている。すなわち、下層木の集中斑が出来た原因を探ることによって、「謎」が解決できるはずだ。

ところが、下層木が集中斑をもつ原因が、なかなか特定できなかった。一般的に、下層木が集中分布する原因には、次のようなことが考えられる。

Ⅰ　下刈りなど人間の関与があった。
Ⅱ　過去に林冠で生じた攪乱の名残りを引きずっている。
Ⅲ　種子が均等には散布されなかった。
Ⅳ　林冠下で下層木が生き残りやすい環境条件が部分的に存在する。

六厩調査地の場合、原因Ⅰは、ほぼ棄却できる。下層木だけを利用した痕跡や、利用したその理由が、存在しないためである。

原因Ⅱについては、下層木の集中斑のうち、一箇所（斜面下部中央）だけは、今から一五年以上前（一九八三年）にギャップであった場所（図4・5参照）と、かなりよく一致した。この場所では、過去に、明るかった時に稚幼樹が繁茂して、現在は、その名残りを見ている可能性もある。しかし、一九八三年の対照区では、ギャップの面積率は一五・七％でしかなかった。極端に大きな面積のギャップも、そこにはみられない。だから、過去のギャップの下も、それほど極端に、明るかったわけではないだろう。それに、他の集中斑の場所は、かなり昔から、林冠が閉鎖していた場所にある。また、全般的に、下層木の年齢は若いはずである。下層木の分布が、すべて、一五年以上も前の林冠の状態で、決まるとは考えにくい。したがって、この原因で、すべてを説明することはできないだろう。

原因IIIには、樹種に特有な種子の散布様式が、強く影響するはずである。とくに、ドングリ類については、ネズミやリスなどが、種子を貯蔵する性質をもち、その場所に、稚樹の発生が集中するとされる。また、ウサギやタヌキなど、種子食性の哺乳動物が、糞場を作ることで、部分的に高密度な稚樹群が、形成されることもある。しかし、六甒調査地でみられる集中斑の中には、様々な種子散布の様式をもつ樹種群が含まれている。それに、調査地の中に、はっきりした糞場や、動物の貯蔵所から伸びた稚樹群を、発見することができなかった。この原因も、また、下層木の集中分布を、すべて説明するようなものではないだろう。

残る原因は、IVである。私たちは、当初から、この原因にねらいを絞っていた。局所的に、環境条件、とくに土壌・水・温度・光などが、異なっている可能性は十分ある。手頃な研究材料なので、このことに歴代の学生さんが挑戦した。彼らは、土壌の水分含有率・土壌の電気伝導度・土壌の養分量・地温・気温などを測定した。また、とくに可能性のある環境として、林床の光について調べた。ただし、当初、光環境は、従来から行われていた方法で、林冠が閉鎖した時期の相対照度を、曇天時に測定していた。

しかし、小さな斜面で、土壌環境が極端に異なるはずはない。そのほか調べた要因も、下層木の集中分布を説明するには、不合格であった。この時点では、環境条件からも、下層木の集中分布を説明することができないでいた。ここで、全員が行き詰まってしまい、「謎」が謎のまま残った。

半ば、この原因究明を、あきらめかけていた時、ある大学院生が、六厩調査地における上層木の空間分布について、教室ゼミを行った。クリの分布図を眺めていたときに、まず、上層でこれらが集中分布を示すことに気がついた。その時、クリの上層木の集中斑が、下層木の集中斑の位置に対応するのではないか、という考えが頭を横切った。調べると、確かにその通りであった。それと同時に、クリの開葉が、非常に遅いことも思い出した。瞬時にして、(開葉の遅い上層木の集中斑)＝(下層木の集中斑)という、魅力的な構図が、私の頭に浮かんだ。すぐに、クリ以外でも、開葉が遅い樹種の分布を調べたが、この構図を支持しそうな感触が得られた。あとは、新しい仮説の検証に向かって、教室の全員が驀進した。

今にして思うと、当初、自分がなんと画一的な考えと方法に、とらわれていたか、不思議に思われる。光は、下層木にとって最も重要な環境であり、しかも、林床付近では、不足しがちな資源である。下層木が集中分布する原因は、光の空間分布にあると、早くから目星をつけていたのだ。しかし、その当時、私が学生さんに指示したのは、従来から行われている、最もオーソドックスな光測定の方法であった。

それは、林冠部が完全に閉鎖した状態で、林床部の散光をはかる方法である。わざわざ、盛夏まで測定を待ち、曇天日を選んで、相対照度を測った。少しだけ威張れるのは、一ヘクタールの調査地を五メートル間隔に区画し、その格子の交点すべてで、明るさを測定したことぐらいである。この詳細な光情報は、後で大変役に立った。しかし、当初の測定結果を見ると、六厩調査地は、ただ均一に暗い、というしかない状態であった。この時、私たちは、林冠の閉鎖度が季節によっても変わることを、見逃していたのである。

私たちの新しい仮説の概要を、説明することにしよう（図5・5）。この図は、一九九八年に、ツリフネソウの移植実験（本章三節で後述）を行った場所を、模式的に示している。開葉前の四月に、落葉広葉樹林の林床はほぼ一律に明るい。ところが、個々の樹木が開葉するにしたがって、林床は次第に暗くなってゆく。開葉のタイミングには、一ヶ月あまりの樹種差が存在するので、それぞれの樹木の開葉状態によって、林床の明るさに場所的な変異が生じる（五月下旬）。さらに季節が進行して、六月中旬になると、すべての樹種が開葉を完了し、林床は、ほぼ一律に暗くなる。あらためて、図5・5中段の五月下旬の光分布を、ご覧いただきたい。開葉が遅い樹木の下だけが明るい状態にあり、林床の光分布は、はっきりと不均質になっているではないか！　ただし、この一九九八年は、暖春であったために、開葉が普通の年よりも早くからはじまった。平年では、図中の②の状態が、もっと遅くまで続く。

もし、下層木の光合成活動が、早春に活発であるなら、上層木群が開葉をはじめて、それを停止するまでの期間が、下層木にとっては重要であるはずだ。春の日射量の違いが、そこに生える下層木の稼ぎに影響し、それが生存状態に関係することが考えられる。このように、上層木の開葉フェノロジー

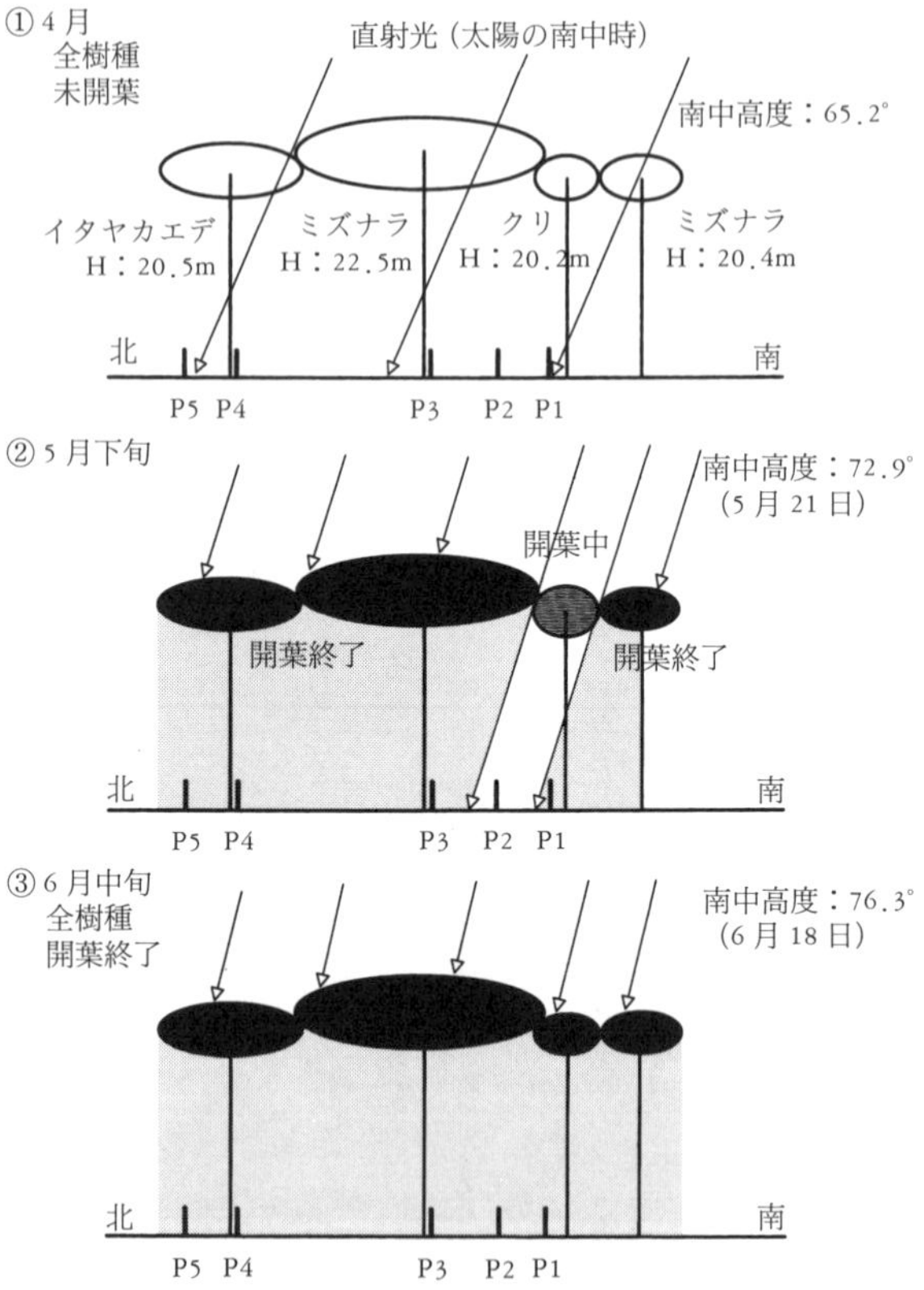

図5•5　作業仮説

六厩調査地の一部の模式図で，Pは光量子束密度を測った位置を示す．

1998年

4月にはすべての樹種が未開葉で林床は一律に明るい

5月下旬になると，開葉が遅いクリの樹冠だけが開いたままで，その下方だけが明るい．

6月中旬になると，すべての樹種が開葉を終わり，林床は一律に暗くなる．

ただし，この年は，暖春であった．平年では②の状態が，もっと遅くまで続く．

によって、春に林床の光環境が不均質となり、それが下層木の集中分布を引き起こしたとするのが、私たちの新しい仮説である。

従来から、森林生態学では、落葉広葉樹林の林床の光分布は、開葉前と林冠閉鎖後に分けて、ばらばらに論じられることが多かった。季節の進行に応じて光環境を測定した例は、それほど多くなかった。ここで、いくつかの光に関する研究例を見ることにしよう。とくに、私たちは、樹木の光合成についていないので、春先に樹木が行う光合成については、他の研究をよく調べておかねばならない。

まず、一九一六年という早くに、先学、E・J・J・サリスベリの研究が存在することに驚いた。彼は、感光紙を使って落葉期と開葉期で光環境を測定し、開葉期の光が、下層木の成長にとって、重要であることを述べている。スプリング・エフェメラル（春植物）は、春の光を効率よく利用している。カタクリは、落葉広葉樹がまだ葉をつけない春に、地上に葉と花を出す。C・D・パンフィリスとH・S・ニューフェルドは、一九八九年に、トチノキ科の灌木でも、春植物のような性質をもつものがあることを報告している。菊沢喜八郎は一九八四年に、北海道の落葉広葉樹林では、冬の光を有効に利用する、ジンチョウゲ科の木本があることを示した。清和研二は一九九八年に、林床でイタヤカエデの稚樹が早い開葉を示すのは、上層木に葉がない期間を利用して、年成長量を大きくするように、進化した結果であると考えている。

R・A・ハリントンらは一九八九年に、落葉広葉樹の下層木が行う光合成を、季節別に調べた。成長期間が長い、クロウメモドキ科とスイカズラ科の樹種では、上の樹木が開葉する前に、年総生産量の約三〇%を生産することを示した。開葉直後の新葉は、新鮮で活力が高く、夏から秋に向かうほど、葉の老化が進行する。とくに真夏には、林冠が閉鎖するうえに、高温で呼吸量が上昇するため、純生産量はほぼゼロとなる。J・P・ラソイエらは一九八三年に、落葉広葉樹林の林床に分布する針葉樹、ビャクシンの一種の光合成速度を調べた。その光合成速度が最大になるのは、上層木の開葉がはじまってしばらくの期間であった。

下層木が常緑でない場合は、その開葉のタイミングが、上層木の開葉時期と、どのような関係にあるかが重要である。私たちが、六厩調査地で調べた結果では、低木種は高木種よりも、開葉が早いことがわかった。また、同じ種が、上層から下層にまで分布している場合には、下層にある個体の方が、開葉が早い傾向にあった(一九九九年、加藤正吾・小見山ら)。これは、開葉に必要な水分の補給が、樹高の低い個体ほど迅速に行えることを、反映する現象なのかもしれない。

これらの研究からわかるように、開葉が早い下層木が、春に光合成活動を活発に行うことは、ほぼ間違いないようである。

しかし、そうでない場合もあるようだ。丸山幸平は一九七九年に、新潟県のブナ林で、高木は残雪のある時期から開葉をはじめ、低木層の個体(ブナ・クロモジ・リョウブ・オオカメノキなど)の開葉は、上層木より一ヶ月ほど遅れることを報告している。このブナ林は、多雪地にある。したがって、融雪時期が遅くて、下層木は遅くまで根雪に埋もれて、物理的に開葉できないでいる。しかし、六厩調査地では、根雪が少なく、その融雪もこれよりずっと早いので、この点は問題にならない。以上のように、他の研究でも、落葉広葉樹林の上層木が開葉しない、したがって、林床がまだ明るい時期が、下層木の光合成活動にとって重要であるとされている。落葉広葉樹の林冠は、その下に生きる下層木に、季節的に変動する環境を与えているのだ。その環境変動にしたがって、下層木の生活が組まれていると考えられる。

次に、私たちがもつデータで、前述の新しい仮説を検証してみよう。その教室ゼミが行われた当時、私たちの手持ちのデータは、上層木と下層木の位置図のみであった。

「対照区」で、樹木を、M—w図による解析結果（図3・4参照）から、上層木と下層木に分けた。そして、両者の空間上の位置から、分布相関を調べた（図5・6）。分布相関のパターンには、「共存」・「離反」・「無関係」がある。もし、私たちの仮説が正しければ、開葉が遅い上層木と下層木は、互いに共存するはずである。また、開葉が早い上層木と下層木は、互いに離反するはずである。ただし、開葉時期について、前の図5・3に示した三グループに、上層木を分類した。

図5・6の左側に示すように、上層木と下層木の位置関係には、明らかな傾向が認められた。開葉が遅い上層木と、すべての下層木の位置関係を見ると、両者は、同じような位置を占めることが多い。それに対して、開葉が早い上層木と下層木群の関係を見ると、下層木が密生している場所には、この上層木があまり存在しないことがわかる。もちろん、このような分布相関は完全無欠なものではなく、開葉が早い樹木の下にも、下層木が低密度で存在する場合もある。

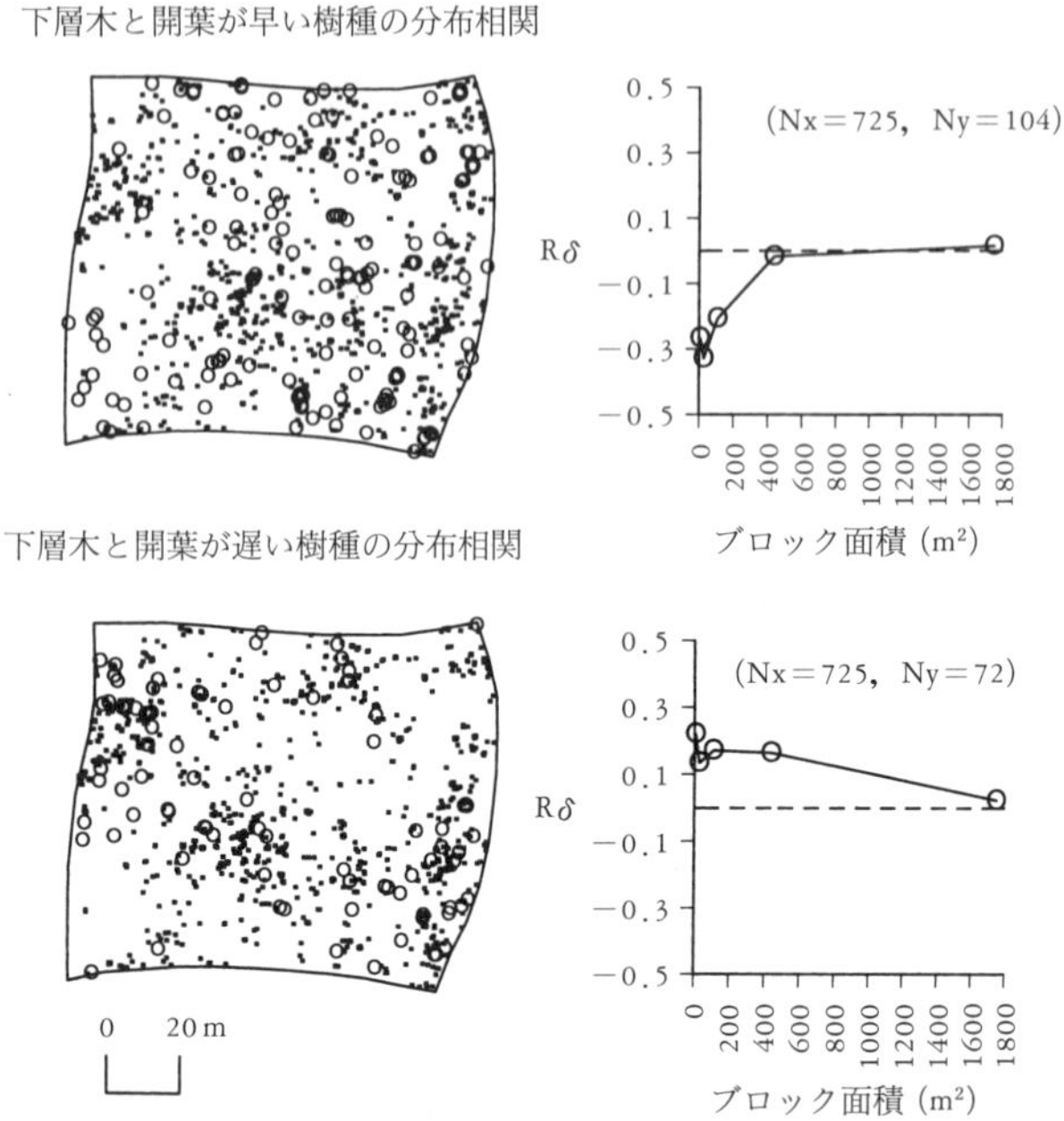

図 5•6　下層木と上層木の分布相関
六厩調査地のなかで，上層木と下層木の配置を示す．
左：位置図 (●下層木，○上層木)
右：Rδ 指数による解析結果 (N_X下層木数，N_Y上層木数) 上下二つのグラフで，分布相関の傾向は全く逆である．

分布相関の様式を統計的に調べる方法に、森下のアールデルタ指数がある。この指数を使って調べても、下層木群に対して、開葉の遅い上層木は共存的で、開葉の早い上層木は離反的であった（図5・6右側）。また、図には示さなかったが、開葉の時期が中庸である上層木の位置は、下層木の位置とは無関係であった。これらのことより、下層木は、開葉が遅い樹木の下に、集中分布していることが確認できた。私たちの仮説は、分布相関のうえでは、合格したようだ。

3　林床にとどく第三の光

次に、私たちがたてた仮説を、光の面から検証してみよう。そもそも、この問題の本質は、季節的に光がどのように林床にとどくか、という点にある。ただし、それらの結果を述べる前に、森林の光について、予習が必要であろう。

太陽が地球にもたらす輻射エネルギーは、一分あたり一平方センチメートルあたり、約一・九五カロリーである。これが太陽常数と呼ばれるエネルギーである。平均すると、地面や森林の表面までとどくのは、このエネルギーの五〇％で、残り半分は、雲によって地球外に反射したり、大気によって吸収される。また、森林の表面に届いたエネルギーも、そのほとんどが蒸散や熱輻射に使われ、純粋に植物が光合成に利用するエネルギーは、太陽常数のほんの数％にすぎない。

さらに、森林の下層木に届く光のエネルギーは、上層木に中断されて、少なくなる。門司正三と佐伯敏郎は一九五三年に、森林では、上方にある葉の量にしたがって、下層の照度が指数関数的に減少することを示した。下層木は、上層木が使った残りの、ごくわずかなエネルギーを、かろうじて利用しているのである。このために、上層木から落ちてくる光の量と質を計測することが、下層木の生活を知るうえで、大切となる。

森林の光環境を計測する方法として、日射計・照度計・光量子計などが使われている。そのほかにも、カメラと魚眼レンズを使って、全天写真[*]の画像から、幾何学的に入射光量を推定する方法がある。感光紙やアントラセンなどの、光反応を利用する方法もある。従来から、最もよく使われるのは照度計である。林外と林床で、それぞれ照度を測る。そして、両者の値から、相対照度を求める。相対値化することにより、林外における光変動の影響が小さくなる。ただし、照度は、本来、人間の眼が感じる明るさ（単位はルックス）を示す。特別なフィルターを通さないと、植物が光合成に利用する光の波長特性を反映しない。

センサーを使う方法で、現在、最もよく使われるのは光量子計である。葉に到達する、光量子束の密度（単位はモル）をはかる。センサーとデータロガーを連結すれば、長期間にわたり、光環境を確実に測定できる。ただし、器具が高価なので、私たちの貧乏研究室では、多数を用意できないという悲哀がある。何事にも、お金は大切である。もし、この器具さえあればと、これまで何回嘆いたことか。

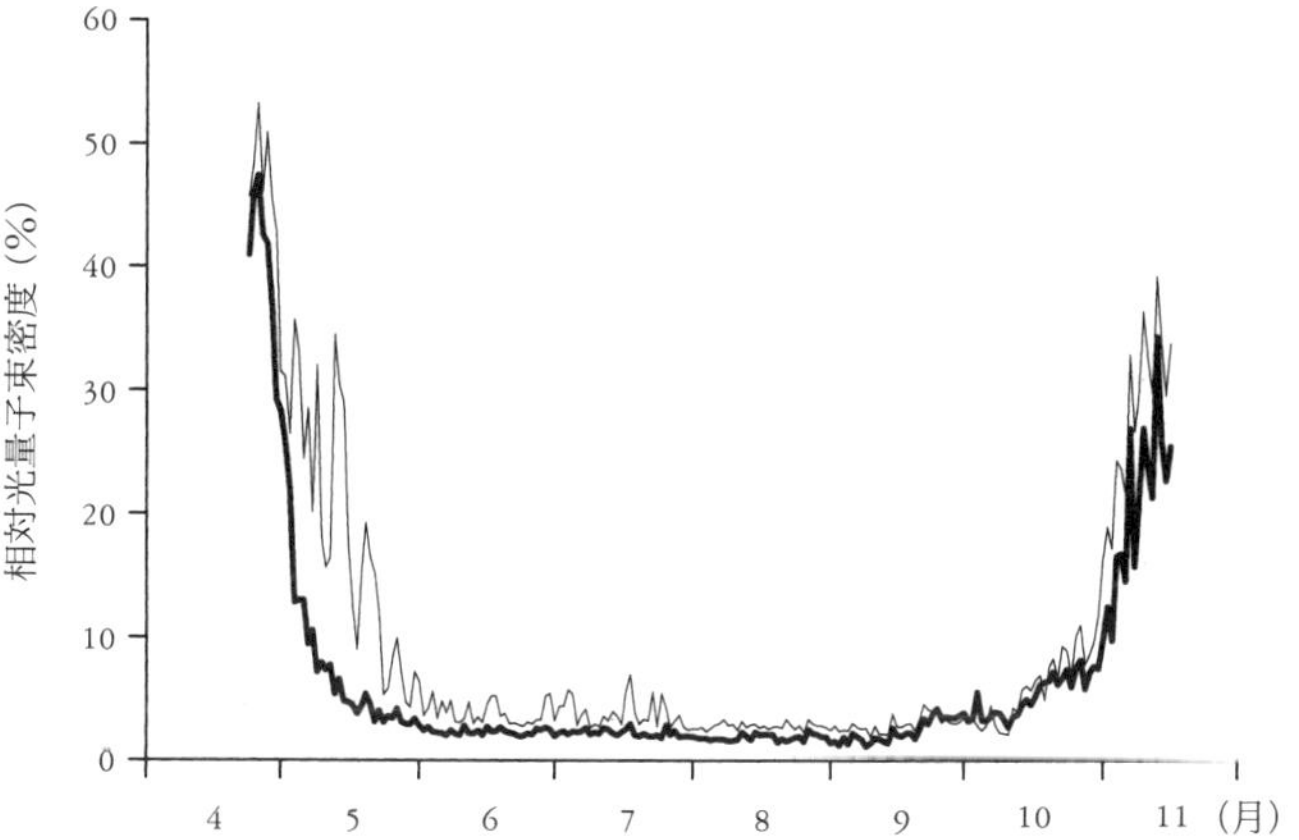

図5•7　異なる落葉広葉樹下での光環境の季節変化（1998年）
太線：イタヤカエデ　細線：クリ

予習はこのあたりにして、六厩調査地の「対照区」で実測した、光環境の研究の結果を見ることにしよう（図5・7）。三個の光量子センサーを、林冠の上方と、ほとんど同位置にあるイタヤカエデ・クリの上層木の直下（地上一・五メートル）に置いた。一年間にわたり、光量子束密度の季節変化を追跡した。イタヤカエデは、開葉が早い樹種であり、クリは開葉がとくに遅い樹種である。ただし、この実験を行った一九九八年の春は、平年より気温がかなり高かった。しかし、樹種による開葉の順序に狂いはなかった。

まず、イタヤカエデの樹冠下で、相対光量子密度がどのような季節変化をするか、見ることにしよう。イタヤカエデが未開葉な四月下旬には、林床は四五%の光を受けており、大変明るいことがわかる。その開葉が五月にはじまると、林床の相対光量子束密度は、急激に低下して、一〇%以下になる。それ以降一〇月まで、三％程度の、低い一定した値を保つ。一〇月の中旬から、イタヤカエデの落葉がはじまる。それにつれて、相対光量子束密度が急に上昇する。

一方、クリの樹冠下では、四月から五月にかけて、開葉が非常にゆっくりと進行するために、相対光量子束密度が、徐々に低下していく。しかし、イタヤカエデの樹冠下と比較すると、開葉が遅い分だけ、明るい期間が長く、その時に受ける日射も数倍以上高い。そして、相対光量子束密度五％以上の値が、だらだらと、六月いっぱいまで続く。七月に入って、クリの木が、完全に開葉を終わると、その値は、数％の値を示すようになり、その状態が九月中旬まで続く。その後、落葉がはじまって、相対光量子束密度が急に上昇する。

これら二つの樹種で比較すると、林床が受ける相対光量子束密度には、歴然とした違いが認められる。とくに、五月の開葉期に、林床の光環境に大きな違いがある。開葉が遅いクリの木の下では、非常に高い相対光量子束密度が検出された。この時期に、下層木はすでに開葉している。下層木は、「大きなクリの木の下……」で、悠々と、豊かな春の日射を浴びているのだ。このように、上層木の開葉フェノロジーの違いは、林床の光環境に、大きな場所間差をもたらしている。光の点からも、私たちの仮説は、合格しそうである。

ただし、もっと広い面積で、「対照区」における光環境の空間分布を調べてから、私たちの仮説に対して、合否の結論を出す必要があるかもしれない。そう考えて、対照区を、五メートル間隔の格子に分けて、その交点上で、二週間に一度の頻度で、全天写真を一年間撮影するという、猛烈な調査を、実は、すでに行っている。この結果は、当研究室の加藤正吾が、目下、博士論文に書いている。彼の途中経過を見ると、ほぼ私たちの仮説通り、開葉フェノロジーによって、春に、光環境のモザイクがあらわれ、夏に消えていく。また、秋の落葉時には、太陽高度が非常に低くなるために、森林が受ける日射が小さいと、彼はいう。秋に起こる上層木の落葉は、下層木の光合成活動に、それほど有効な効果を与えないと考えられる。

ところで、開葉フェノロジーによって、林床に届けられるのは、どんな種類の光なのだろうか？　もう一度、図5・7を見て欲しい。クリが未開葉な五月に、相対光量子束密度を示す曲線が、妙に凸凹としていることに気づく。その値が、高い日と低い日が交互かつ不規則にあらわれている。これは、天気が変化したためである。晴れた日ほど、直射光が入射する。どうやら、未開葉な林冠から入射する直射光が、この現象に、大きな影響を与えているようだ。

太陽光には、「直射光」と「散乱光」の二つの成分がある。直射光は、エネルギーの高い光で、しかも、強い方向性をもつ。下層木にとって、直射光は、自分と太陽を結ぶ方向に、上層木の遮蔽が、あるかないかで決まる。太陽は、時間とともに移動する。また、雲による、太陽の遮蔽が起こる。それらのために、直射光は、時間的に変化しやすい。一方、散乱光は、エネルギーは低いが、光自体に方向性はない。

林床植物にとって直射光が重要であることは、一九五〇年代から、G・C・エヴァンスらによって主張されていた。M・C・アンダーソンは一九六四年に、全天写真が、光の計測に有効であることを示し、林床がうける直射光量を画像と太陽軌道から、求められることを示した。現在では、コンピュータによる画像解析の方法が発達し、光解析のために、各種のソフトが、森林生態学者によって開発されている。H・スティーゲが一九九三年に発表した「ヘミフォト」は、その一例である。

下層木にとどく光の性質を、さらに、整理しておこう。まず、下層木が、生存できる光の強度を考えねばならない。小池孝良は一九八八年に、北海道産の落葉広葉樹の光合成特性、とくに、それらの光補償点を調べて報告した。陽樹の生存限界は、相対照度一五％、比較的耐陰性のある稚樹では、それが六％であるとしている。ほかに、陽樹の生存限界を、三〇％とする研究者もある。

ところが、林冠が閉鎖した状態では、林床の相対照度は、たいていの場合、これらの生存限界よりも低い。六厩調査地の夏の測定値もそうであった。林冠が閉鎖した以後の暗い環境では、下層木が、ぎりぎり生活を強いられているのだ。したがって、林冠が完全に閉鎖した状態だけからは、下層木が存在する理由を十分に説明することはできない。林冠には、何らかの不均質性が、なければならないのである。

林冠が不均質になる要因に、前述のギャップの存在がある。林冠にあいた穴から、光が入射して、下層木に当たることは最も考えやすい。これを第一の経路と呼ぶことにする。ギャップに関する研究例を調べて、どのような光が、ギャップを通じて入射するのか検討してみよう。

一九八八年にC・D・カナムは、「ギャップライト指数」を考案し、ギャップの位置や形状によって、林床の光環境が変化する様子を考察した。それによると、斜面の傾度の違いは、ギャップ内の光環境に、大きな変化はもたらさない。しかし、緯度が高いほど、また、北向きの斜面ほど、明るい場所がギャップの北側にかたよる。ギャップを囲む木の高さも、林床の光環境に大きな影響を与える。

また、T・L・プールソンは一九八九年に、ギャップがどの方向に向いているかによって、光環境が変化する可能性を示した。南北方向のギャップは、正午にうける直射光の量は大きいが、午前と午後には早くに周囲の森林によって光が遮断される。東西方向のギャップでは、いつも直射光をうける可能性があるが、直射光の量は南北ギャップより小さい。また、大きなギャップでは、その内部の位置によって、うける光の性質や量が異なることを指摘した。

彼らの研究結果に見られるように、ギャップの形状や位置が、それを通過する光の量や性質に関係している。ところが、ギャップの面積サイズによって、そこを通過する光の量が異なるという、基本的な問題がまだ残っている。中静透は一九八四年に、散光を対象にこの問題を検討している。ギャップの中心で、地上高八・五メートルの位置の相対照度は、ギャップ面積が大きくなるにつれて、S字曲線をたどるようにして高くなる。そして、一〇平方メートル以下のギャップでは、一〇%以下の相対照度しか、もたらされない。陽樹の維持が可能な三〇%の相対照度を得るためには、面積三五〇平方メートルのギャップが必要である。ところが、このような大面積のギャップは、森林では非常に少ないことを、中静は指摘している。

この指摘から考えて、六厩調査地にあるような小面積のギャップは、林床の光環境を極端に変えるほど、大きな影響力はもたない。しかも、現在の六厩調査地の林床には、ノリウツギ・リョウブ・クリ・ハルニレ・タニウツギという、陽樹が少数ながら厳然と存在する。これらから考えて、ギャップを通す第一の経路から、六厩調査地の林床に、大量の光がもたらされる可能性はあまりない。

では、「サンフレック」として、林床に直射光が入射する第二の経路はどうだろう。サンフレックとは、閉鎖した林冠にある枝葉の小さな空隙を、通り抜けてくる木漏れ日のことである。この枝葉の空隙面積は、林冠ギャップよりはるかに小さい。だから、太陽光がサンフレックとして林床に入射する時間は、きわめて短い。これが、「ちらちら光」とも呼ばれるゆえんである。このように、瞬時にして林床を通り過ぎる光が、下層木の光合成にとって、意外に重要であることが、古くから前掲のG・C・エヴァンスによって、指摘されていた。

エヴァンスによると、ナイジェリアの熱帯林は、林床面積の約四分の一が、サンフレックによって覆われ、晴天正午に、サンフレックは全光エネルギーの八割に達している。玉井重信は一九七六年に、京都北部の落葉広葉樹林で、林床の総受光量の六三％が、サンフレックで供給されることを報告している。

サンフレックは、単位面積あたりのエネルギーは非常に大きいが、持続時間はきわめて短いという特徴をもつ。C・D・カナムは一九九〇年に、サンフレックの持続時間は、五分以下にすぎないとしている。サンフレックに関する総説を、R・L・チャズドンが一九八八年に著している。下層木が、サンフレックを利用するためには、葉の表面温度・気孔開閉度・葉緑体の明順化などが重要である。林床に、サンフレックが大量にもたらされても、光合成の誘導まで時間を要する植物は、それらを有効に利用できない。R・W・パーシーとH・W・カルキンは一九八三年に、気孔が閉じやすい樹種は、サンフレックに対応できないことを示している。このように、サンフレックの効果が小さいとする研究者もいる。小泉博と大島康行は一九九三年に、森林下層の草本植物の光合成が、サンフレックに依存する程度は一〇%以下に過ぎないとしている。

夏の晴天日に、六甌調査地に立つと、林内に多数のサンフレックがあらわれる。だから、もし、下層木が、サンフレックに全面的に依存しているなら、下層木の空間分布は、もっとランダムな様式になるはずである。サンフレックが入射する林冠の穴は、どこにでもあるし、それらは、時間とともに林床を動くからである。このように、下層木にとどく第二の光の経路「サンフレック」でも、六甌調査地でみられる下層木の集中分布は、説明できそうにない。いよいよ、第三の光の経路を持ち出す必要があるようだ。

「第三の経路」とは他でもない、上層木の開葉フェノロジーに起因して、林床に入射する春の光である。この光は、開葉の開始から停止までの期間に林床に作用し、とくに、場所間で光の不均質性をもたらす。前述のように、六甌調査地で調べた上層木と下層木の分布相関、および光量子束密度の季節変化の解析結果は、この光の経路が、下層木分布に大きな影響を与えることを示している。

この経路について、念のためにもう一度だけ、別の面から検証しておこうと思い、ツリフネソウの移植実験を行った。「対照区」の一部に、素焼きの鉢を埋めて、土壌条件や水分条件をできるだけ同一にして、子葉段階にあるツリフネソウを育て、それらの成長過程を追跡した。光環境と植物の成長の

表 5・1　移植したツリフネソウの成長量の違い
1998 年 7 月 29 日までの主軸長の平均値と標準偏差を示す．
P2（図 5・5 参照）だけが，大きな成長量を示す（$P<0.01$）．

実験区	P1	P2	P3	P4	P5
上層木	クリ（直下）	クリ（北側）	ミズナラ（直下）	イタヤカエデ（直下）	イタヤカエデ（北側）
主軸長（cm）	90.2±13.9	164.6±36.0	106.9±26.8	98.4±26.8	108.2±17.4

関係を、直接的に調べようとしたのである。

この移植実験には、若干の裏話がある。当初、木本植物を材料にして、この実験をやろうと思い、学生さんに、稚樹を山引きするよう頼んだ。彼らは、それらしい稚樹をたくさん取ってきた。ところが、それらを鉢に植えて育てると、実は、彼らがとってきたのは、稚樹どころか、ツリフネソウであった。これだけならとんでもない笑い話である。しかし、わからないもので、これが移植実験に幸いしたようだ。考えてみると、木本植物には、ある程度決まった伸長時期というものがある。もし、伸長期間が固定された木本を使っていたら、移植実験の結果は、その性質に大きく影響されたであろう。一方、ツリフネソウは一年生草本であり、どちらかというと、光要求度が大きい植物である。光環境の変化に機敏に反応してくれる。

この幸運な学生さんが、卒業研究で行った移植実験の結果は、私たちの予想にぴったりと合うものであった。開葉が早いクリの木の下に移植したツリフネソウは、五月に相対成長率が非常に高かったために、七月二九日以降には、イタヤカエデとミズナラの木の下に移植したものと比較して、主軸長が一・五倍以上に達した（表5・1、実験区の配置は図5・5を参照）。ただし、前にも述べたように、この実験を行った一九九八年は暖春であったので、普通の年には、この年よりも季節の進行が遅いことに注意がいる。また、この実験結果から、クリの上層木の、直下が明るいわけではなく、五月に、クリの樹冠直下から少し北側にずれた位置で、林床が明るいことがわかった。

以上のようにして、第三の光の経路が、林床植物の分布や成長に、影響を与えることが確認された。この経路は、どんな落葉広葉樹林にも、必ず存在する。ただし、林分構造や、その森林が置かれている場所の気候などによって、この経路は様々なパターンを生み出す。単一樹種の単層林から、多樹種から成る複層林までの違い、および、春の林床が、開葉した下層木で覆われているか、根雪で覆われているかという違い、などがこのパターンを決めるのである。根雪に当たる場合でも、雪の解け方の違いが、下層木の以後の成長に影響を与えるだろう。

すなわち、林床に、空間的な光の不均質性が生じる程度と、供給される光の量、あるいは、下層木に対する効果が直接的または間接的にあらわれるかは、それぞれの森林がもつ属性によって異なるのである。

この第三の光の経路と、それが生み出す林床の光のパターンは、下層木群集の動態を考えるうえで重要である。そして、上層木の多様性、もしくは、それらの開葉フェノロジーの多様性が高いほど、林床の光環境は不均質となる。このことが、下層木群集の密度と多様性を規定する一要因に成っている。別の見方をすると、上層木と下層木が、フェノロジーを通して、互いに結ばれていたのである。

＜余談その5＞

―静かな森が激変するとき―

こんな恐ろしい災害が、六厩調査地のような平和な森でも起こるのか！　平成一一年の一〇月上旬に、六厩調査地を訪れたときに、私たちは驚いた。近くの蛭ヶ野では、九月一四日には、一七九ミリ、一五日には三三八ミリの、すさまじい豪雨を記録し、両日だけでその連続雨量は五〇〇ミリを超えた。六厩調査地に入った時、給水のために引いたパイプが、妙に弛んでいることに気づいた。そして、水取り場の沢にゆくと、アッと息をのむ光景に行き当たった。給水のためにドラム缶を沢近くに置いていたが、場所そのものが消えており、ドラム缶は六厩川の下流を探してもみつからなかった。以前には、深さがせいぜい一・五メートル程度だった、穏やかで水の絶えない小沢は、災害後は、U字型に深くえぐられており、まわりには大きな石や木が散乱している。U字の深さは、四メートル近くにも達している。

一ヘクタールの「対照区」調査地のうち、沢沿い二〇メートル四方の場所が、土石流に飲み込まれていた。この場所は、山麓の緩斜地であるが、木に巻き付いている流木の残骸の位置から見て、土石流の深さは一メートルぐらいあったと思われる。直径五〇センチメートルほどの大石も、ごろごろ転がっている。どう想像力を働かせても、この場所で、そんな大水が起こるとは考えられなかった。もし、自分がその場所に居合わせたら、小沢の上流から土石流が一気に押し寄せて、周囲の木を倒しながら、森林のなかに侵入するという、一大スペクタクルがみられただろう。しかし、私は、その瞬間にボロギレのように泥のなかに埋まってしまったことだろう。

調査地から、小沢を三五〇メートルあがったところに、崩壊の頭があったが、なんでもない幅一〇メートルぐらいの空き地である。この付近で崩れた土砂が引き金になって、それより下の小沢の堆積物を巻き込んで、土石流が流れたものと思われる。相当数の倒木も流されたようで、六厩川には流木がたくさんみられた。二〇年間も何も起こらなかった場所が突如として攪乱されると、今までのイメージや、森林現象に対する推論が、一挙にひっくり返ってしまう。ひょっとすると、六厩調査地では、百年間に一度ぐらいはこのような土石流があって、森林に、大きな被害を与えていたのかもしれないと、この時に思った。やはり、森林の長期観察は大事である。狭い自分の知見だけで、いろいろな仮説をたてると、予想外に幅のある自然現象に行き当たり、間違った結論を導いてしまうこともあるだろう。

調査地の横を流れる小沢が、U字型に浸食されたことは興味深い。一般に、土石流が発生すると、渓岸が広い範囲で浸食されることが多い。なぜ、六厩調査地では、岸が崩れずに、小沢の流路の部分だけが深く洗掘されたのだろうか？　よく見ると、小沢の岸にはササ類が密生していた。ササの稈は、そのほとんどが水平に横倒しになっている。葉は、ちぎれてなくなっているが、根は、しっかりと地面に張り付いている。濃密なササ層があることで、渓岸の浸食が防げたのであった。

これだけの豪雨を、いくら植生が濃密であるからといって、そのすべてを、樹体や土壌に滞留することはできない。水は地表流となって、森林のなかを流れていたに違いない。その時に、ササを含めた下層植生が濃密であると、地面の浸食は、かなり軽減されるようである。意外なところで、下層植生が役だっている可能性が考えられる。とくにササ類は、地下茎のネットワークを地表付近に張りめぐらすので、この機能が大きいようだ。それなのに、ササは、以前から造林地の大敵と見なされ、下層植生が繁茂する妨げであるとされてきた。

森林が若い状態にあり、下層植生までも少ない場所が、たまたま百年に一度起こるような豪雨に遭遇すると、このような崩壊が、起こりやすいのかもしれない。今回の崩壊は、飛驒地区だけでも数百箇所にのぼるが、そのすべてが六厩と同じようなパターンを、示すわけではない。横方向につながった急斜面が、大面積で崩落するようなパターンもあり、地形・地質・土壌の深さ・排水経路などによって、災害のパターンは変化する。しかし、岐阜県の全般を通じて、造林地のみならず広葉樹林までが、比較的若い森林で構成されている状況を考えると、豪雨に対する森林の抵抗力が、大昔より低下していることは、充分に考えられる。

ヘリコプターに乗って、空から被災地を見る機会を与えられた。機は、各務原飛行場を飛び立ち、長良川沿いに北方向に向かった。美並村から郡上八幡と白鳥町・高鷲村に入るにつれて、所々に、崩壊地が見られるようになる。この地域で、空から目につくのは、大面積で斜面が崩落している箇所である。とくに、火山起源の地形であるためか、上部がテラス状になっている場所で、テラスからの排水が急斜面に流れ出る場所に、このような崩壊が多いように見える。

しかし、谷に土石流が発生して、人家に被害をおよぼした場所もあり、尊い人命が損なわれた。テラス状の地形を示す蛭ヶ野高原は、スキー場と別荘とゴルフ場そして高原野菜の畑に覆われている。豪雨時に地表流は、平らな地形のどこを通って、長良川に出たのだろうか。牧戸を通って荘川村にさしかかる。六厩調査地の周辺の小さな谷は、ほとんどで土石流が発生したようである。六厩調査地の上空で旋回してもらい、調査地の写真をしばし写す。地上でかなり大きいと思っていた六厩調査地は、上空から見ると点にしかすぎない。一目瞭然に、われわれが調べている調査地は、広大な森林域のほんの一部にすぎないことがわかり、研究結果を他の森林に外挿する時に注意を払わねばならないぞと、自分の胸に言い聞かす。また、土石流が発生したはずの調査地横の小沢は、上空からその被害はまったく見えなかった。上と下では、見える状況がまったく異なっているのだ。

機は下小鳥ダムにさしかかり、バックウォーターのあたり一面が、流木で埋まっている様子を、目の当たりにする。周辺の谷筋はひどく荒れており、土石流が人家に達した場所もある。一転して白川村に入り、大白川谷筋を飛んでもらう。このあたりは、もともと転石が多く、今回の豪雨の被害だけを、上空から見分けることはできなかった。しかし、河床のドロノキ林は、かなりの被害を被った様子である。ブナの天然林地帯にはいると、この部分は斜面が緩やかなせいか、目立った崩落はないようである。

今回の災害が、森林の二次林化や人工林化とどのような関係にあるかは、よく調べたうえでないと結論できない。しかし、森林全体が未成熟な状態にあると、災害にあった部分から森林の減少が進むかもしれないと、この時感じた。いろいろな思いを抱いて、各務原飛行場に降り立った。

第六章◎森と人のゆくえ

1　日本の森林の変質

森林問題は、森林の面積が減少することであると思われやすい。ところが、必ずしも、それだけではない。今まで、岐阜県の森林について調べたように、森林が変質するということが、実は、大きな問題点にあげられる。

地球全体で見ると、確かに、森林の面積は減り続けている。もと、陸地の五八%を占めていた森林と緑地は、人類が農耕をはじめて以後、一九五〇年までに五〇%となり、一九九〇年には四〇%にまで、減少したといわれる。とくに、開発途上国での人口爆発を契機として、農耕地への変換などにより、森林面積の減少が著しい。最近三〇年の平均では、一年あたり一五〇〇万ヘクタールの熱帯林が失われている（『森林の百科事典』、丸善、一九九六年）。このように、森林の面積は、時間とともに、大きく減少した。ただし、最近の減少は、世界平均での話である。

荘川村の六厩ではどうか。実際に質問したことはないが、もし、六厩の古老に、「あなたの周囲で、森林は減りましたか？」と尋ねたら、たぶん、次のような答えが返ってくる。「私が生まれる前のことは知らない。覚えているのは、六厩の集落の近くで、ほんの少し森を削って、畑を造成した」とか、「ずっと昔に、焼き畑や炭焼きで山を使ったことがある。いまでも、その場所は、雑木林のまま変わらないよ」とか、「戦争から後は、奥山のブナをパルプ材に出したり、スギやカラマツの造林地も作った。けれど今は、木がよい値で売れない時代なので、なかなか、山にまで手がまわらないな」とか、「よい木は少なくなったが、森はあまり減っていないよ。別荘やスキー場、それに高速道路を作った時に、少しは、森がなくなったけれどね」、などであろう。

地球全体の傾向と、六厩の傾向は、明らかに異なっている。実際、六厩では、森林の減少という量的変化ではなく、森林の内容の変化という、質的変化が生じているようだ。もちろん、これら二つの形態、量的変化と質的変化は、森林にはともに重大な問題である。前の仮想人物が最後にいったように、規模はともかくとして、様々な施設の造成が、森林の喪失を招いているのも事実である。岐阜県でも都市域に行けば、比較的大規模に、この種のことが生じているに違いない。ここはひとまず、本章の議論の焦点を、何といっても森の中心である山間地に合わせることにしよう。

六甌の森林の現状は、日本の森林地帯である山間地の特性を、よくあらわしていると考えられる。つまり、見かけのうえで、森林の大規模な減少が目につかないために、いつの間にか変貌した森林の変質に、私たちは問題を感じない。しかし、森林の変質にも、実は、重大な問題が潜んでいるのである。

問題となる森林の変質には、樹木が若齢化する、樹木のサイズが小さくなる、樹種の構成が単調化する、立木密度が高まる（低まる）、ギャップが増える（減る）、一塊の森林の面積が減る、などがある。これらの変質は、天然林においての自然な変化としても、起こり得る。しかし、日本の森林において、これらの変質には、人間の行為が深く関係しており、森林にとっては、急激かつ大規模な形で生じている。

今までの章でも述べてきたが、人間は、様々の生活目的から、森林を利用してきた。この森林利用が、日本の森林を変質させてしまったのである。人々は、特定の樹種のみを選択的に利用・採取するために、人工林の造成、焼き畑、炭焼き、有用材の抜き伐り、山菜取りなどを行って、森林の構造や樹種構成を変質させてきた。また、人々は、森林の場そのものを利用して、農地や宅地など各種の造成、鉱業などを行った。

そのために、現在の日本の山間地に残された森林は、人工林もしくは二次林になっている。かつて、鬱蒼とした天然林であった場所に、今や、利用履歴の異なる小面積の林分が、モザイクを構成してしまっている（図６・１）。六甌の近辺を歩いたときに、植生がモザイク構造をもつことをすでに述べたが、モザイクの一片一片には、人々の生活の痕跡が刻まれているのである。比較的奥山に近い場所でも、このような状態にあるのだから、中山間地や都市の近郊では、もっとこの状態が進行していることは想像に難くない。

このような森林の変化は、人間の意識が強く働いて起こったものと、半ば無意識に起こったものに

図 6・1　植生のモザイク構造
岐阜県丹生川村，年代の異なるスギとヒノキの人工林，および落葉広葉樹林などがみられる
沢沿いの立地の良い場所には造林地が，尾根には落葉広葉樹林が配置されている．それぞれのパッチは，所有者が異なるのかもしれない．

分かれる。人間が作った人工林には、天然林を改良してもっと人間が利用しやすい林を作ろうとする、人間の強い意識が働いている。それに対して、二次林は、いわば無意識に人間が発生させた森林である。つまり、日本の森林の変化のうち、人間の意のままでない変質は、まさに天然林の二次林化として、捉えることができるのである。荘川村六厩で、人間が意識していなかった森林史の推移、ひいては、日本の森林の知らず知らずのうちの変質は、結局は、この二次林化の過程であろう。

さて、この二次林は、初期は人間の手で発生したとしても、基本的に日本の気候風土が創りあげたものである。決して、人間の積極的な保護活動の成果ではない。というのも、気候条件、とくに温暖な気温と豊富な降水量に恵まれている日本では、天然林を伐採しても、森林が二次林としてまた再生するからだ。この点が、開発途上国のもつ熱帯林の状況とは異なっている。熱帯林では、人間の手で攪乱された後に、そこが厳しい気候条件に晒されているために、著しい劣化が生じる、もしくは森林が二次林としてすら再生できない。しかし、日本の多くの地域では、森林利用の跡地には、自然に「二次林」が成立するのである。

森林関係の教科書に見る、面積としての日本の森林率は、この数十年間にわたって七割近い一定の値を保っている。このデータからは、確かに、日本の森林に大きな時間的変化は、生じていないかのように見える。しかし、この数十年間にも、森林の直接的利用は行われてきたはずである。それにもかかわらず、森林率が約七割にも保たれているのは、人工林の維持に人々が努力を払ったため、そして、二次林を容易に形成する日本の風土があるためである。

問題は、森林の面積ではなく、森林の質である。現在の日本の森林の現状が、モザイク化した人工林と二次林の集合体であることは、天然林では起こり得なかった様々の問題が、発生する可能性を示唆している。私には、非常にゆっくりとした感じにくい衰退が、すでに森林に生じているように思える。森林が、人間によっていじられ、しかも、個々の林分が断片化していることが、それを引き起こしている。そのまま放置すると、今後、森林が大規模に崩壊することすら、起こり得る(前章の余談その5は、その一例である)。私たちは、意識されない変質としての、二次林への理解と、その維持に関する方策をもたねばならない。

2　二次林の多様性と持続性

では、二次林が持続的な森林と成るためには、どのような条件が整っていなければならないのだろう？　第二章で説明したように、日本の森林の持続性を、もはや、そのほとんどの面積が失われてしまった天然林に求めることは不可能である。しかし、天然林が持続的に維持されているその機構は、二次林の規範とすることができるだろう。第二章三節で述べたように、御岳の亜高山帯の天然林では、I　前生樹の更新が確保されていること、II　攪乱が適正規模で起こること、III　前生樹が上層に成長できる時間と場が確保されていること、それらが、この森林の持続に必要な条件であると考えられる。二次林では、条件IIとIIIは、人為的にコントロールすることができるであろう。そうすると、条件I、すなわち、下層木の問題が、森林全体の永続性にとって、とくに重要であると考えられる。

ここで、第四章で述べた六厩調査地の森林史から、樹種の多様性が、二次林の持続性に関係するという可能性が示唆される。もう一度、この調査地で起こったことについて、要点を短く整理してみよう。

六厩調査地の二次林が形成され、現在のように成熟した姿になるまでに、一〇〇年という長い時間がかかった。時間の進行とともに、樹木の密度は徐々に減少していき、その代わりに個体が大型化することによって、森林のバイオマスは大きくなった。このような森林の量的変化は、実は、その裏に質的変化をともなっている。二次林の形成過程は、いくつかのステージに分かれた。攪乱された直後は、パイオニア樹種のヌルデのステージとなり、比較的低い林冠をもつ森林が出来た。しかし、ヌルデの優占状態はいつまでも続かず、フサヤガの幼虫の加害により、その林はこの場所から消滅した。

ついで、ヌルデの林冠下で生育していた多くの樹種が、次第に優勢さを増した。ヌルデの消滅後は、上層を多様な樹種が占める混成林のステージがあらわれた。混成林の中でも、樹種による優劣関係が明瞭となって、衰退する樹種とさらに成長する樹種の違いが、次第にはっきりしてくる。この混成林のステージでは、攪乱後一〇〇年を経過した時点で、上層―中層―下層の三層をもつ森林が出来上がった。

混成林のステージでは、次第に樹種の単調化が進んでいく。予想として最終的には、ミズナラのように、長期の生存を許される樹種だけが、森林の上層を占めるようになると考えられる。そして、いわゆる、「森林の成長サイクル」仮説で維持されるような、天然林的な二次林に、森林が移行できるかもしれない。ただし、この時、下層に樹木群が、前生樹としてストックされている必要がある。

六厩調査地の森林史には、注釈が必要だ。実に驚くべきことに、この二次林は、右にあげた条件Ⅰ・Ⅱ・Ⅲのすべてを、もっていたのである。六厩調査地の森林は、非常に恵まれた二次林であったのだ。奥山に近い場所にあるために、そして、人間社会が変化したために、最近の一〇〇年間に、ここの森林には人手が入らなかった。また、前代の森林から、更新の初期に、多くの樹種を受け継ぐことができたのだ。そして、これら受け継いだ樹種群が、その後に起こる森林史を形成した。その一部の樹種は、森林史の最初の頃のステージで、この場から主役としての身を引いた。残りの樹種が、その後の森林で、順次に主役となり、いくつかの異なるステージを受け持っていった。ここで、大切なことがある。いくぶん大胆にいわせてもらうと、一つの森林の持続性には、樹種の多さが必要である。そして、次代の森林は、前代の森林と交代するときに、前にあった樹種群を引き継がなければ、持続性を保つことができないのだ。

さらに、その森林は、引き継いだ樹種群を、下層木としてストックする機構をもたなくてはならない。第五章で述べたように、落葉広葉樹林では、開葉が早い樹種と遅い樹種が、同所的に存在する場合がある。その時、林床の光環境に場所的な季節変動が生じる。このような光環境の不均質性が、下層木の多様性を維持している可能性が強い。いいかえると、上層木の多様性が、下層木の多様性に関係していることになる。このように、「多様性が、多様性を生み出す循環」が、森林の中にあるとすれば、この循環が、一端、断ち切られると、二次林の持続性は永久に失われてしまう。

もし、ほとんどの二次林で、多様性の喪失が起きていたら、そこは何らかの方法で、人間が、それを補わねばならないだろう。ただし、森林の時間的変化は、きわめてゆっくりとした速度で進行する。ここに、注意が必要である。一代一代の人間の眼からは、何も起こっていないように、見えてしまう。否、見えるはずなのに、見ていないのである。

3　科学の眼を森に向ける

では、日本の二次林に持続性をもたせるためには、どうしたらよいか。申し訳ないが、私には、日本にある個々の二次林に対して、確固たる解決策を示す知識と勇気（？）は、正直なところない。しかしながら、今まで説明してきたように、二次林に、人間がある規模以上の攪乱を与えないようにとか、種の多様性を失わないようにとか、おおまかな発言をすることはできるだろう。また、六厩の森林史を学んできた立場から、いくつかの問題点を、いくぶん細部にわたり指摘することはできる。

たとえば、岐阜県で最も多いコナラ・ミズナラの薪炭林は、長い炭焼きの歴史を引きずったまま、非常に単調な林冠をもつようになった。これらの二次林は、一見、若い森林のように見える。しかし、上層木は、何回にもわたって萌芽を繰り返した株から、発生したものである。したがって、株の年齢が林の年齢であるとしたら、多くの薪炭林は、実は、老齢林ということになる。すると、現在の薪炭林は、独特の森林崩壊の危機と、隣り合わせであることが考えられる。老齢林は、病害などに対して弱点をもっている。しかも、一斉林であるという特性が、林冠にはある。もし上層が枯れだすと、広い面積が一遍に坊主になるだろう。これは、環境や防災の面から見て、よいことではない。

また、第二章で紹介した岐阜県丹生川村のシラカンバ林は、上層にシラカンバしかない森林である。この林は、戦争時に、軍馬の放牧場として使われていた斜面が、戦後、放棄されたために、種子の散布力が強くて、痩せ地で生育できるシラカンバが、一面に侵入したために出来た。現在は、およそ五十年生の若い二次林ということになる。

ここで、六厩調査地でバイオマスの成長率を調べた結果を、思い出して欲しい（図4・6参照）。シラカンバは、百年生の六厩調査地の森林で、衰退しつつある樹種であった。もし、シラカンバが一斉林でも同じように短命であるとすれば、このシラカンバ林では、あと五〇年ぐらいで、一斉に上層が崩壊するかもしれない。また、シラカンバが、開葉がとくに早い樹種である点（図5・3参照）も心配である。つまり、シラカンバ林の林床には、光のさし込む期間が短くなるために、次世代をになうはずの下層木が、十分に用意されていない。したがって、崩壊の時限装置を備えた森林であると、見なすことができるのだ。

落葉広葉樹林を改良するために、経済的に価値のある樹種だけを残し、「無用」の樹種を除去している場所がある。まったく「天然林」らしからぬ、天然林を育成する事業が行われている。人間の手が掛かり続ける間は、それでも大きな森林に育つだろう。しかし、もし、これらの森林が、今後、長く放置されるような状況が発生したら、このような森林の持続性は保てるのだろうか？

一方、人工林が二次林化するという問題が、現在、岐阜県では起こっているという。岐阜県森林科学研究所の横井秀一らによると、高海抜地で雪の多い場所に植えられたスギの人工林が、成長不足のためにうまく成林せず、苗が枯れた後に落葉広葉樹が侵入をはじめている。私は、実際にそれらを調べたことはない。しかし、大面積に皆伐を行った場所では、前代の森林にあった落葉広葉樹の多くが、その場所からすでに一掃されているはずである。したがって、二次林が再生したとしても、その林を構成する樹種は、更新面あるいは高冷地の環境面で、非常に偏ったものであるはずである。それらが、今後、どのような二次林に育つかが、心配である。

また、「人工林自体」が、二次林化しているのではないか、と思われる奇妙な場所もある。少しいうのを憚られるが、私たちの大学の演習林には、昔、林学の先生たちが、高密度で植栽したヒノキの人工林がある。なぜか、これらの実験区は、植栽した後に手をつけずに、放置されたままになった。今なお、恐ろしく高密度な林分で、下枝が枯れあがって、もやしのように細長い幹をもつヒノキが、一○メートルほどの樹高で、まさに林立している。

ヒノキは、もともと、耐陰性が高く、しかも比較的に長命な樹木である。互いに枝葉を圧迫しながらも、それらは、数十年間も生きている。もちろん、そこに他種の樹木は侵入しにくい。また、下層植生は、林床が真っ暗なために皆無である。このような林も、いずれ、大雪か病害にあって、一斉に共倒れするに違いない。この林の場合は、あまりにも極端に、高密度の植栽を行いすぎた。このように、樹種構成が極度に歪んだ二次林（？）は手に負えない。いまさら、間伐を行ったとしても、枯れ上がった部分の幹から、新しく枝が発生するはずもない。演習林に関わる身として、私も、連帯責任を感じるが、その一方で、誰かが、もっと早くに、手を打つべきであったと、いまさらながら思う。

まだまだ、いえそうなことはある。二次林には、心配が山積みである。しかし、冷静に考えると、これらの私の心配事は、主に荘川村六厩の森林を分析した結果に基づくものである。六厩調査地の森林だけにしても、そこには、複雑な生物過程や環境過程、そして、それらに絡む人間社会の変遷があった。二次林には、タイプや場所の数だけ、それぞれ特有の森林史があるはずである。二次林の将来の姿は、単純に予測できるものではない。せめて、もう少し多くの場所について、「森林史」の研究が欲しいものである。

ものは、見ようとしなければ、見えてこない。これは科学的観察の入門で、必ず私たちが経験し、納得する現象である。私たちが直面している二次林の問題は、科学的に考えて、静かにひっそりと進行しているはずだ。いままで、多くのページを費やして述べてきたように、森は変わっていくのだ。自然状態でも人工条件下でも、森林は変わる。そして、その変化は、科学的な眼でみつめ、解析しないかぎり、見えてこないのだ。

では、科学的な眼とは、どのようなものでなければならないか。森林問題が、私たちの前に突如として浮上するのは、災害が起こったときである。大規模に森が枯れたとき、森や山が大雨で崩れたときなどにはじめて、私たちは、森林に問題があるのではないかと考える。しかし、それらの災害の陰にも、「森林史」の姿があることをきちんと意識せず、たいていの場合は、科学的な眼で捉えた「森林史」から物事を解決するような方法はとらない。根本的な解決を先送りする対症療法のような手段でしか、人間は、森林問題に取り組まないのである。

例に、私事をあげることを許して欲しい。私は、五年ほど前に、血糖値が高いといわれて病院に行った。そこで、軽い糖尿病と診断された。この病気に「自覚症状」はないが、一端かかるとよくはならず、放っておくと、合併症を生む恐ろしい病気である。内科的には、インシュリンというホルモンの分泌が、悪くなることで血糖値が高くなり、この病気が生じることがわかっている。ところが、私が発症した原因は、恥ずかしいが、精神的ストレスからくる食べすぎと飲みすぎであった。

対症療法としては、インシュリンの分泌をよくする薬を、体に投与すればよい。現在の発達したテクノロジーは、すばらしい薬を提供している。しかし、これを用いるだけでは、私の病気はよくはならない。血糖値が低下した分だけ空腹感が増し、意地汚い私は、また食べすぎてしまうからである。対症療法は、根治には必ずしも結びつかない。私の場合に根治対策は、病気が発症した原因をよく考えて、節制することにあるようだ。

森林問題という、地球の病気を解決しようとする際の姿勢にも、同様のことが考えられる。その根治対策には、まず、診断である。森林の中で営まれている生物の生活と環境について、深い理解が必要となる。そして、それらの問題が発生した原因を、科学的に解き明かさねばならない。そのあとに、治療がくる。ある森林問題を、部分的に修復してしまうような、対症療法を作ることは、どちらかといえば簡単であろう。「木のないところに、木を植える」とか、「水があるところに、ダムを作る」というような処置は、実行がすぐ可能であるし、かなりの効果が認められる。ところが、このような処理方法は、短期的な解決策にはなっても、新しい森林問題を作り続ける可能性がある。それは、この節の冒頭で述べた、私のいくつかの心配事にもあらわれている。

森林問題という病気を治療するためには、徹底した基礎研究に基づく根本的な処置が、必要なのである。ただし、これには、基礎研究を行うために、多大な労力と時間が必要である。

心配なのは、自然界をすでにバーチャルにしか捉えられない都市域の人間にとって、このような根治策が、非常に回りくどい方法としか映らないことである。しかし、本当に大切なことは、日頃から、森林に科学的な眼を向け、科学の眼で森林を診断することなのだ。科学的な眼というと、むずかしく取ってしまうが、いまや科学は、大学や研究者だけのものではなく、社会人が広くもつべき資質である。すべての人間が、形の違いはあるにせよ、これを行うことができるはずだ。

4　人と二次林

「二次林」は、どうあるべきなのだろうか。実に様々な考え方が、そこには存在する。経済価値のある樹木を増やすべきだ、という考えは非常に多い。防災面と安定した森林が必要だとする人、環境保全のためにはバイオマスの保持が大切だという人がいる。それらのために、二次林を、天然林に戻すべきだという人もいる。また、ある人は、きれいな花やおいしい実がなる樹木を、増やすべきであると考える。雑木林は、見栄えがしないので、景観を改良したいという人もいる。子供が遊べる安全な森林を作る、というのも結構なことである。

それぞれの考えには、二次林に接する人間が、自分たちの生活を、改善しようとする願望が込められている。現代社会の中でも、新たな森林史が、このようにして、二次林の中に刻み込まれようとしているのだ。しかし、少し注意を要する点がある。それは、これらの考えに、人間の強い嗜好が入っていることである。単なる嗜好やノスタルジアに基づいて、森林に手を加えることは、危険かもしれない。たとえば、ブナやカエデの木が、好きな人は多い。しかし、ヌルデの木が好きな人は、まず、居ないだろう。しかし、ヌルデなくしては、六厩調査地の森林史は語れなかったのだ。

もし、これらの考えに、科学の眼が入っていさえすれば、将来、新しい二次林が出来たことによって、大きな森林問題は起こらないかもしれない。二次林管理の目的や機能は、当然、様々である、と私は考える。二次林によって、社会が豊かになれば、それでよい。ただし、これらの森林の機能が、自然的または社会的に、持続するようなものでなければならないだろう。そして、現在の私たちが、こと森林や樹木の生活に関しては、ほんの一握りの知識しかもたないということを、肝に銘じておかなければならないのだが。

変動しつつある現代社会では、森林に対する見方が時間的に変化しやすい。しかし、それと比較して、森林自体が成長する速度はきわめてのろい。したがって、社会の変化に歩調を合わせて、森林を変えることはできない。このために、その時々の「現代人」に、森林に対する不満が出るのだ。

現在は、すべてのものに効率を求める時代である。これは、工業で立国した日本の宿命かもしれない。このあおりを受けて、二次林を多く擁する農山村の社会形態が、大きく変化した（第二章）。昔の「村」の形態では、森林を含むその小さな所轄領域に、目を配りながら農林業を行うことで、人々の生活が成り立っていた。しかし、この「村」は、現在、行政区画の村に変わり、さらには「町」にまで統合された場所もある。そして、多くの人口が、都市に移った。このように、農山村の人々の生活や、森や山に対する考え方が、大きく変わった。ひょっとすると、山間地の二次林は、育ててくれる人々を、失いかけているのかもしれない。この事態が、日本の森林に深刻な打撃を与えていることは、紛れもない事実であろう。

私たちが、森林について、常に意識しておかねばならないことがある。それは、日本の国土の七割近くを、森林が占めているという事実であり、そのために、森林の管理は、国土管理とほぼ同意義である、ということである。しかも、日本の森林には、貴重な天然林は、すでに多くなく、そのほとんどが、二次林と人工林で占有されているのである。今まで、日本の国土は、農山村によって守られてきた、といっても過言ではない。

このまま環境と資源問題が進んでいくと、あるいは、都市部の人間が、山間部に生活の場を求めて、なだれ込むことさえ、起こるかもしれない。これからの日本にとって、科学の眼で森をはぐくむ人たちの育成が、非常に重要であると考えられる。その科学の眼には、自然としての「森林誌」に、農山村をはじめとした地域社会を含めた「森林史」が組み合わさっていなければならない。そして、移ろいやすい人間社会全体の現状をよく理解して、過去に行われてきたことに対して、理性的な優しさと、認めあう気持ちを、失わないことも大切であろう。

今の私たちは、森林に関する知識不足を、謙虚に認める必要がある。しかし、自然を前にして、無力感をもつ必要はない。私たちの小さな研究室が、荘川村六厩の一部の小さな場所を二〇年ほど調べただけで、いくつかの新しい発見があったではないか。森林には、わからないことや、知られてないことが、まだいっぱいあるはずだ。みんなで、これに挑戦しよう。未知であるにもかかわらず、森林の大切さが認識される社会であるからこそ、これからの森林研究の魅力と意義は大きい。

用語説明（五十音順）

亜高山帯（あこうざんたい）　垂直分布帯の一つで、山地帯と高山帯にはさまれた高標高地にある。中部地方では、約一六〇〇メートルから二四〇〇メートルの場所にある。トウヒ・コメツガ・シラベ・アオモリトドマツなどの常緑針葉樹のほかに、ダケカンバ・ウラジロナナカマドなどの落葉広葉樹が混じっている。成熟した森林の高さは三〇メートル以上にも達する。

暴れ木（あばれぎ）　林業用語で、他の隣接個体を圧するほど、枝が張り出した超大型の樹木のことをいう。人工林でこのような個体があると、他の木の成長が悪くなるために、間伐されてしまうことが多い。

一次生産（いちじせいさん）　緑色植物にとっては光合成による生産のこと。これに対して、一次生産物を用いて消費者が行う生産を二次生産という。

一斉林（いっせいりん）　林冠が斉一な樹冠で構成された状態をいう。樹高と大きさがそろった森林で、同時期に発生した個体で形成される場合には同齢一斉林という。スギやヒノキの植林地の多くは一斉林である。

魚付き林（うおつきりん）　主に海岸の森林で、魚類の隠れ場所となったり、リターによって海を涵養する森林のこと。現在でも各地に保安林として残されている。マングローブ林などは典型的な魚付き林であろう。

枝打ち（えだうち）　林業生産の主目的は、通直で無節の木材を作ることにある。枝打ちは、生きた枝を根元で切断することによって、節のない木材を作るために、そして樹冠の葉量を調節するために行う保育作業の一つである。

皆伐（かいばつ）　ある面積内の樹木をすべて切り払うことをいう。これに対して、樹木を選んで伐採することを択伐という。皆伐一斉造林が日本の林業の主流を占めているが、時として土壌の流失を招いたり、単調すぎる森林が出来たりする弊害をともなうこともあるが、集約的な林業を行うためには効率のよい方法である。

攪乱（かくらん）　定常状態が乱れることをいう。森林では、個体の老衰枯死・風倒・病害死・斜面崩壊などで攪乱が起こり、その後はギャップとなる。

間　伐（かんばつ）林業で高密度の植栽が行われた後に、樹木の成長にともなって個体間競争が生じる。この時に間引きを行って、競争を和らげたり、素性の悪い木を除去する保育作業をいう。様々の間伐方式が、林学者によって提案されている。間伐木はかつては収入源となったが、現在の価格低迷で切り捨てされるままになることが多い。また、間伐が行えないことによって、劣化した人工林が増えている。

気温低減率（きおんていげんりつ）標高が一〇〇メートル上昇するごとに、気温は摂氏〇・五五度低下することをいう。

巨大高木（きょだいこうぼく）熱帯雨林のなかで突出した高さをもつ巨大木のことをいう。樹高は七〇メートルを超える。東南アジアで巨大高木になれる樹種は、マメ科やフタバガキ科などのものにかぎられているが、なぜ巨大高木になれるかという原因はまだわかっていない。

競争方程式（きょうそうほうていしき）（ロトカ・）ボルテラ式ともいわれる。生活要求が類似した二種間の競争を、二つの微分方程式で表現し、その解から共存と片方絶滅の条件を明らかにした。

胸高直径（きょうこうちょっけい）胸の高さの幹部分の直径をいう。古くは地上一・二メートルの高さを標準としたが、現在では一・三メートルが標準となっている。樹高とともに、樹木の大きさを知る重要な目安となる。

群　集（ぐんしゅう）生態学用語である。個体群（一つの種で構成される）が複数集まったもの。したがって、群集は、複数の種類の生物を含み、それらの間で相互作用が生まれる。詳しくは、教科書を参照すること。

現存量（げんぞんりょう）バイオマスに同じ。

原　木（げんぼく）材料となる木材片のこと。シイタケの培養床としては、コナラやクヌギの単材が原木として使われる。製炭用の原木や、かつては枕木用のクリ原木が使用された。

光量子束密度（こうりょうしそくみつど）単位面積あたりに太陽から落ちる光量子の数をいう。単位はモルである。

混 成 林（こんせいりん）われわれの造語。最初は岐阜県林業試験場の戸田清佐氏が使った（最初は、混生林と書かれている)。どれが優占樹種かわからないような森林をさし、戸田氏は一〇種以上の林冠木が存在する森林と定義している。本書では、このように厳密な定義のうえで使ってはいない。

資　源(しげん) 生物生産の原資となる物質をいうが、樹木にとっては、光・二酸化炭素・水などのほかに、空間もまた資源であるとされる。

自然間引き(しぜんまびき) 高密度の植物群落では、光・水・養分をめぐる競争によって一部の個体が枯死してゆき、結果として自然に群落密度が低下する。二分の三乗則が有名である。

主　伐(しゅばつ) 林業で収穫される木材は主林木と副林木に分けられる。最終に伐採された時に得られる主林木をとる作業のこと。

種子散布(しゅしさんぷ) 樹木の種子は、重力・風・鳥・魚・ほ乳動物・水などによってばらまかれる。

シュート 枝と葉の集まりをいう。ひとまとまりになって伸びた樹木の一部分。

樹　冠(じゅかん) 単木の枝と葉の集まりをいう。この部分で葉を広げて光合成を行う。樹冠の集まりを林冠という。

樹幹解析(じゅかんかいせき) 幹の材積を年齢別に求める方法。幹を一メートルごとの長さに切り分け、それぞれの部分で円盤を採取する。各円盤で年輪幅を測定し、各年輪の位置を高さ方向でつなぎ合わせると、過去の幹の形が推定できる。これから円錐台を想定して、各年の材積が求まる。

樹　幹　長(じゅかんちょう) 樹高が地面からの高さを意味するのに対して、樹幹長は幹の長さを意味する。とくに斜め方向に寝ている場合や曲がった樹幹では、樹高と樹幹長は大きく異なっている。

樹冠投影図(じゅかんとうえいず) 樹冠の広がりと位置を鳥瞰的にあらわした図。通常は、方形区のなかでに樹幹位置を測定し、その位置から四方に樹冠がどれぐらい張り出しているかを実測して書く。立体的なものを平面に投影するときに、精度を高めるいろいろな方法が提案されている。林分構造を知るうえで重要な情報を与える。

樹　木　相(じゅもくそう) 樹木の種類の構成のことをいう。「相」は見た概観をあらわす言葉で、森林の状態をあらわすのに、「相観」や「景相」などという用語も使われる。

集中斑（しゅうちゅうはん）個体が集まる場所のことをいう。

純　林（じゅんりん）単一の樹種で構成される森林のこと。

除　伐（じょばつ）林業の保育作業の一つで、間伐以前に行われる伐採である。素性のとくに悪い造林木や、造林木以外の樹種の木を取り去ることをいう。造林木の種間競争を緩和する意味をもつ。除伐木が売られることはめったにない。

薪炭林（しんたんりん）炭や薪を採集するための森林をさす。燃材として優秀な性質をもつコナラ・クヌギなどはとくに珍重される。これらは萌芽更新する性質をもつために、薪炭材採集が繰り返された跡は純林状の森林が残りやすい。

遷移後期種（せんいこうきしゅ）遷移が進んで極相に近づいたときに、その構成要素となる植物種をいう。たいていは、耐陰性が高く成長は速くないが、大きな実を付けその場所を占有するような生活型をもつ。樹木では、ブナ・イタヤカエデ・ミズナラなどをあげることができる。

遷移初期種（せんいしょきしゅ）攪乱が生じたときにすばやくその場所に侵入し、速い成長で優占状態を作るような植物種をいう。陽性で、小型種子をたくさん散布するような性質をもつものが多い。樹木ではヌルデやキイチゴ類、カンバ類やクサギ・カラスザンショウなどが代表例である。

前生樹（ぜんせいじゅ）親木の下で暮らす子供の樹木のことをいう。前生樹は、親木が死んだときに、次の世代の森林を作る予備軍と見なされ、親木が散布した種子が発芽して小型の稚樹または幼樹状態で林床で待機している。したがって、前生樹の耐陰性は高いのが普通である。

全天写真（ぜんてんしゃしん）魚眼レンズで撮影された写真のこと。水平方向に三六〇度を、垂直方向に一八〇度をカバーしている。等距離射影による映像から、林冠の被覆度や個々の樹冠の配置が把握できる。この画像に太陽軌道を入れることによって、直射光がいつ入射するかがわかる。

相対照度（そうたいしょうど）　林内と林外の照度の相対値のこと。林内の照度だけ測ると、雲の通過や太陽の見え方によって測定値にばらつきが生じ、その値を互いに比較することが困難になる。林外を一〇〇％として、林内の照度を相対値化することによって、時間や場所に関係のない光環境を表現しようという試みである。

耐陰性（たいいんせい）　植物が日影で耐える程度をあらわす。葉の光合成補償点はその目安となるが、耐陰性には林床における光の受容体制・樹形も深く関係している。

胎生稚樹（たいせいちじゅ）　よくマングローブは胎生種子をもつと書かれているが、これは正確な用語ではない。樹上で発芽し、胚軸が伸びている以上、このタネはすでに稚樹の状態になっている。胎生稚樹はマングローブだけではなく、他の樹種ももつことがある。マングローブの場合は、立地が水で覆われる泥であることから、胎生稚樹をもつ意味は水散布や定着の容易さにあると考えられる。

択伐（たくばつ）　目的にかなった樹種や個体だけを選んで行う伐採方式。皆伐が対語。

単純ロジスティック曲線（たんじゅん－きょくせん）　S字型を示す成長曲線の一種。成長係数（内的自然増加率）、および成長の上限値の、二つのパラメータであらわされる。

力枝（ちからえだ）　太い枝のことをいう。一本の木のなかで低い位置から大きく横に張り出し、樹冠の葉を増やしているような枝。

稚樹（ちじゅ）　発芽後間もない、若いステージの樹木をいう。実生繁殖の個体をさすことが多く、当年生の段階では子葉をつけているものもある。幼樹はこれに続くステージである。

地拵え（ぢごしらえ）　造林作業の一種で、植栽する場所をあらかじめ掃除することをいう。雑木を切り払い、植栽が容易になるように地面を整える。

南洋材（なんようざい）　日本では主として東南アジアから木材が輸入されていた。商業名でラワンやメランティなどが有名である。最近は熱帯材の資源枯渇が心配されており、また原産地国の経済保護のもとに、原木のまま南洋材を輸入できる機会は減った。北洋材は、シベリアなどから輸入されている。

熱　　帯（ねったい）　南北両回帰線で囲まれる地域をいう。しかし、その地域は広く、比較的高緯度の場所ではモンスーンの影響で雨季と乾季が交互にあらわれたり、赤道付近では概して年中高温多湿であるというように、その環境は地域によって異なる。

熱帯雨林（ねったいうりん）　熱帯降雨林とも呼ばれ、低緯度の多湿地帯にある熱帯林をいう。これに対して、高緯度には熱帯季節林がある。詳しくは湯本貴和著「熱帯雨林」（岩波新書）を見るとよい。

法　　面（のりめん）　道路の側面で、山側から道になだれ込む斜面のことをいう。道路管理上重要な場所で、ここが崩壊すると道路に土砂が散乱することから、たいてい緑化が行われる。

バイオマス　現存量および生物体量に同じ。ある時点において、一定空間を占める生物体の重さ、または体積。森林の場合は、通常、ヘクタールあたりのトン数が単位として用いられる。死んだ生物体は、バイオマスには含まれず、ネクロマスと呼ばれる。

パイオニア植物　先駆植物ともいう。撹乱された場所に、すばやく侵入する能力をもつ植物群。森林の場合、これらはほとんどが陽樹である。種子が風によって運ばれるタイプが多いが、動物によって運ばれるタイプもあり、埋土種子としてその場所にあらかじめ侵入している場合もある。発芽後の初期成長が速く、裸地を覆ってしまう。

伐倒調査（ばっとうちょうさ）　樹木を切り倒して幹・枝・葉・根の重さを調べる調査のことをいう。もちろん、直径や樹高など樹形要素も同時に調べられ、それらのデータから相対成長関係を作成するためのものである。また、樹齢もこれによってわかる。

板　　根（ばんこん）　熱帯の樹木には板根が発達しているものが多い。幹の基部は地面に近づくと細くなるが、反対に根がロケットのスタンドのように地上に張り出す。数メートルの高さに達する板根もよくある。板根の基部から地下根が出るが、あまり深くは土に侵入しない。

被　　圧（ひあつ）　上方にある樹木によって、下方の樹木が日光から遮蔽される状態をいう。

被　　陰（ひいん）　被圧と同じ意味である。

標準地（ひょうじゅんち） ある森林を代表する調査地のこと。母集団から取るサンプルにあたる。

フェノロジー 生物学では、「生物季節学」と呼ばれる分野。もとは、ウグイスの初音やサクラの開花がいつ起こるのかといった、歳時記的な記載が主に行われていた。最近では、内容に深さが増し、気象を含む環境の時間的変化に対して、生物がどのような生活史を発現するかという問題に取り組む生物学の一分野となった。

伏条更新（ふくじょうこうしん） 積雪地帯に多い樹木の栄養繁殖形態の一つ。雪圧でシュートが地面に付くとそこから発根し、やがて母樹とのつながりが切り離されて独立した個体となる。日本海側のスギなどにこのような性質が顕著にみられる。

閉鎖（へいさ） 林冠が閉じている状態で、ギャップがないことをいう。

萌芽（ぼうが） 樹木の栄養繁殖の一形態である。生きている樹木の株や根、切り株などから、地上に枝を伸ばすこと。または、伸ばした枝のことを、萌芽と呼ぶことがある。そのような萌芽枝は、初期成長が速いなどの特徴をもち、種子から発生した稚樹とは性質が異なっている。

マルチレイヤー 樹冠の一つの形態。葉層が垂直方向に厚く発達する。陽樹がこの形をとりやすいとさえる。対語としてモノレイヤーがある。

埋土種子（まいどしゅし） 土の中に埋もれて休眠状態にある種子をいう。条件が整うと発芽して成長する。

毎木調査（まいぼくちょうさ） 樹木の戸籍調査である。一定面積の方形区を設けて、種類と胸高直径・樹高などを測定し、位置と樹冠投影図によって樹木がどんな配置になっているかまでを調べる。森林調査の基本。

リター 落葉落枝（らくようらくし）ともいう。いわゆる、落ち葉のこと。樹体から脱落した枝や葉が地面にたまったもの。

立地（りっち） 生物の生息地の環境のこと。特定の主や群落の生息の目安とされる場合がある。

林学教室（りんがくきょうしつ） かつて農学部のある大学の一部には林学教室があり、造林学・林政学・測樹学・森林保護学・林業機械学・砂防学・林産学・造園学などが講じられていた。現在では再編により名称変更が行われ、ほとんどの林学科は「森林科学科」た「森林管理学科」などになった。なお、外国では林学教室が学部のレベルで存在するが、現在の日本では学科の下の講座レベルしかない大学もある。

林　冠（りんかん）樹冠の集まりをいう。一つの森林の最上層で枝葉が覆う部分のこと。

林　床（りんしょう）森林の地面付近のことをいう。

林地肥培（りんちひばい）人工林に速効性の肥料をまいて、林木の成長を旺盛にする施業のことをいう。効果があまりないという研究者もいる。

林　班（りんぱん）林学用語である。所轄区域を流域や立地から、数百ヘクタール規模の区画にわけたもの。通常は、尾根や沢が林班の境界となる。施業を行う基本単位または目安となる。

謝辞

「御岳の亜高山帯林」、「丹生川村のシラカンバ林」、「大白川谷のブナ林」、「南タイのマングローブ林」、「ランビル山の熱帯雨林」、そして中心舞台である「荘川村六厩の落葉広葉樹林」、それぞれの調査地でうけた多くの方々の研究支援のもとに本書は成り立っている。

最初に、六厩での広葉樹調査を発案された堤利夫先生ならびに荻野和彦先生（当時、京都大学農学部）、石川達芳先生ならびに松村正幸先生（当時、岐阜大学農学部）、竹ノ下純一郎場長（当時、岐阜県寒冷地林業試験場）、寺田義夫村長（当時、岐阜県荘川村役場）に御礼申し上げる。荻野和彦先生（現在、滋賀県立大学）には、荘川のみならずほとんどの調査地の研究で、手厚い御指導と御鞭撻をうけた。とくに記して感謝申し上げる。

荘川村六厩調査地を設定・維持するにあたって、大学関係者として安藤辰夫先生、肥後睦輝先生、二宮生夫先生、玉井重信先生、隅田明洋先生たちと、岐阜県から戸田清佐氏、横井秀一氏、山口清氏、中垣勇三氏たちのご協力をいただいた。また、「葉むしり同好会」のメンバーにも、伐倒調査を手伝っていただいた。とくに荘川村役場の三島篤氏には、数々の無理なお願いを聞いていただいた。このような荘川村の御協力なくしては、本書は出来なかったであろう。現村長、益戸美次氏に感謝の意を表する。

丹生川村シラカンバ林の調査では田和義継氏にお世話になった。大白川谷ブナ林の調査では、荘川営林署（当時）の皆様、とくに中山浩次前前署長、上練三前署長、板倉重雄氏、桑田博氏の暖かいご支援をいただいた。南タイのマングローブ林調査では、とくにJ・コンサンチャイ氏（森林局）、S・ハバノン氏（同）、V・ジンタナ氏（カセサート大学）、P・パタナポンパイブン氏（チュラロンコン大学）、P・タナペアンプン氏（森林局）、荻野和彦先生、二宮生夫先生、田淵隆一先生、守屋均先生、中須賀常雄先生、和田恵次先生、大森浩二先生のお世話になった。ランビル山での調査では、田村三郎先生、荻野和彦先生、山倉拓夫先生、伊東明先生、故井上民二先生、湯本貴和先生、加藤真先生、L・フアセン氏たちのお世話になった。

なんといっても、それぞれの調査現場でともに生活した岐阜大学農学部の学生・大学院生の方々に御礼申し上げねばならない。お名前は、以下に列挙させていただくが、本書は諸子の奮闘のたまものでしかありません。時として過酷な叱言をいったことも、この際お許しいただきたい。

亀田孝史　山崎浩一　M・スティスナ　市河三英　田口剛　早川敬純　矢野尚子　今井田春美　井上昭二　生田賢英　堀田仁　滝口潔　水崎貴久彦　溝口紀泰　小島義規　近藤慎一　狩野光広　根崎浩和　助定竜太郎　下里恵美　柴田典子　古森隆　白井康二　加藤正吾　寺西美樹　大西卓弘　高橋英世　北村奈津美　中世古麻衣　川村毅　山本美香　樋田隆志　奥谷元紀　鵜飼奈美　谷津繁芳　原

宙市（敬称略）および、私たちの研究室の仲間たち
　本書の執筆を勧めて下さった武田博清先生（京都大学大学院農学研究科、教授）に御礼申し上げる。また、京都大学出版会の高垣重和氏と鈴木哲也氏には、出版に際してひとかたならぬお世話をうけた。藤本文弘先生ならびに川窪伸光先生（岐阜大学農学部、多様性生物学講座）には、原稿の校閲をお願いした。川窪伸光先生には、本学に務める同僚として、文章の内容や構成等に多くの意見を賜り、とくに文章作法に手厚いご指導を受けた。
　最後になるが、私の長年の勝手な振る舞いを許し、背後から暖かい声援を送ってくれた私の両親、妻小見山恵子、そして腕白な四人の子供たちに感謝する。

読書案内

市川建夫ら (1984)『日本のブナ帯文化』, 朝倉書店.
伊藤嘉昭ら (1992)『動物生態学』, 蒼樹書房.
岩坪五郎編 (1996)『森林生態学』, 文永堂出版.
宇江敏勝 (1988)『昭和林業私史』, 農文協.
エルトン, C. S.『動物群集の様式』, 川那部浩哉ら (訳), 思索社.
太田猛彦ら (1996)『森林の百科事典』, 丸善株式会社.
菊沢喜八郎 (1983)『北海道の広葉樹林』, 北海道造林振興協会.
菊沢喜八郎 (1995)『植物の繁殖生態学』, 蒼樹書房.
木元新作・武田博清 (1989)『群集生態学入門』, 共立出版.
吉良竜夫 (1983)『熱帯林の生態』, 人文書院.
久馬一剛 (1997)『食料生産と環境』, 化学同人.
小滝一夫 (1997)『マングローブの生態』, 信山社.
小林達雄 (1996)『縄文人の世界』, 朝日新聞社.
酒井昭 (1982)『植物の対凍性と寒冷適応』, 学会出版センター.
種生物学会編 (1999)『花生態学の最前線』, 文一総合出版.
田川日出夫 (1982)『植物の生態』, 共立出版.
中村武久・中須賀常雄 (1998)『マングローブ入門』, めこん.
北海道立林業試験場監修 (1998)『広葉樹育成ガイド』, 北海道林業改良普及協会.
山田勇 (1991)『東南アジアの熱帯多雨林世界』, 創文社.
湯本貴和 (1999)『熱帯雨林』, 岩波新書.
依田恭二 (1971)『森林の生態学』, 築地書館.
鷲谷いづみ・矢原徹一 (1996)『保全生態学入門』, 文一総合出版.

Pearcy, R. W. and Calkin, H. W. (1983) Oecologia 58, 26–32: Carbon dioxide exchange of C3 and C4 tree species in the understory of a Hawaiian forest.

Poulson, T. L. (1989) Ecology 70, 553–555: Gap light regimes influence canopy tree diversity.

Salisbury, E. J. (1916) J. Ecol. 6, 83–117: The oak-hornbeam woods of hertfordshire. Parts I and II. 91page—(3) Light conditions

Seiwa, K. (1998) J. Ecol. 86, 219–228: Advantages of early germination for growth and survival of seedlings of Acer mono under different overstorey phenologies in deciduous broad-leaved forests.

Smith, A. P. (1973) Amer. Natur. 107, 671–682: Stratification of temperate and tropical forests.

Ter Steege, H. (1993) Tropenbos Document 3, 44pp: HEMIPHOT a programme to analyze vegetation indices light and quality from hemispherical photographs.

Tamai, S. (1976) Bull. Kyoto Univ. For. 48, 69–79: Studies on the stand structure and light climate (II) methods of investigating the sunfleck on the forest floor (1).

Wareing, L. H. (1951) Phsiol. Pl. 4, 546–562: Growth studies in woody species. IV.

Washitani, I. and Takenaka, A. (1986) Ecol. Res. 1, 71–82: 'Safe sites' for the seed germination of Rhus javanica: a characterization by responses to temperature and light.

Whitmore, T. C. (1984) Clarendon Press, Oxford, 352pp. : Tropical rain forest of the Far East.

histry from live and dead plant material.

Hubbell, S. P. and Foster, R. B. (1986) Biology, chance, and history and the structure of tropical rain forest tree communities. In Community Ecology, pp. 314-329, Harper & Row, New York.

Kozlowski, T. T. (1961) For. Sci. 7, 177-192: The movement of water in trees.

Liming, F. G. (1957) J. For. 55, 575-577: Homemade dendrometers.

Kikuzawa, K. (1984) Can. J. Bot. 62, 2551-2556: Leaf survival of woody plants in deciduous broad-leaved forests. 2. small trees and shrubs.

Kikuzawa, K. (1995) Can. J. Bot. 73, 158-163: Leaf phenology as an optimum strategy for carbon gain in plants.

Koike, T. (1988) For. Tree. Breed. 148, 19-23: Photosynthetic responses to shaded environments of the deciduous broad-leaved tree seedlings and adult trees.

Koizumi, H. and Oshima, Y. (1993) Ecol. Res. 8, 135-142: Light environment and carbon gain of understory herbs associated with sunflecks in a warm temperate deciduous forest in Japan.

Lassoie, J. P., Dougherty, P. M., reich, P. B., Hinckley, T. M., Metcalf, C. M., and Dina, S. (1983) J. Ecology 64, 1355-1366: Ecophysiological investigation of understory eastern redcedar in central Missouri.

Lechowicz, M. J. (1984) The Amer. Natul. 124, 821-842: Why do temperate deciduous trees leaf out at different times? Adaptation and ecology of forest communities.

Maruyama, K. (1979) Bull. Niigata Univ. For. 12, 19-41: Comparative studies on the phenological sequences among different tree species and layer communities —Ecological studies on natural beech forest (33)—.

Monsi M. and Saeki, T. (1953) Jap. J. Bot. 14, 22-52: Uber den lichtfactor in den pflanzengesellschaften und seine bedeutung fur die stoffproduktion.

Morishita, M. (1959) Mem. Fac. Sci. Kyushu Univ. 3, 65-80: Measuring of interspecific association and similarity between communities.

Nakashizuka, T. (1984) Jap. J. Ecol. 34, 75-85: Regeneration process of climax beech (Fagus crenata Blume) forests. IV. gap formation.

Nakashizuka, T. (1985) Oecologia (Berlin) 66: 472-474: Diffused light conditions in canopy gaps in a beech (Fagus crenata Blume) forest.

dePamphilis, C. D. and Neufeld, H. S. (1989) Can. J. Bot. 67, 2161-2167: Phenology and ecophsiology of Aesculus sylvatica, a vernal understory tree.

参考文献

230—231

他の著者による文献（アルファベット順）

Anderson, M. C. (1964) Biol. Rev. 39: 425-486: Light relations of terrestrial plant communities and their measurement.

Anderson, M. C. J. (1964) Ecol. 52: 27-41: Studies of the woodland light climate 1. the photographic computation of light conditions.

Bormann, F. H. and Likens, G. E. (1979) Springer-Verlag, 244pp. : Pattern and process in a forested ecosystem.

Canham, C. D., Denslow, J. S., Platt, W. J., Runkle, J. R., Spies, T. A., and White, P. S. (1990) Can. J. For. Res. 20, 620-631: Light regimes beneath closed canopies and tree-fall gaps in temperate and tropical forests.

Canham, C. D. (1988) Ecology 69: 1634-1638: An index for understory light levels in and around canopy gaps.

Canham, C. D. (1994) Can. J. For. Res. 24, 337-349: Causes and consequences of resource heterogeneity in forests: interspecific variation in light transmission by canopy trees.

Chapman, V. J. (1976) Cramer, 447pp. : Mangrove vegetation.

Chazdon, R. L. (1988) Adv. Ecol. Res. 18, 1-63: Sunflecks and their importance to forest understory plants.

Chazdon, R. L. and Field, C. B. (1987) Oecologia 73, 525-532: Photographic estimation of photosynthetically active radiation: evaluation of a computerized technique.

Connel, J. H. (1978) Science 199, 1302-1310: Diversity in tropical rainforests and coral reefs.

Connel, J. H. and Slatyer, R. O. (1977) Am. Nat. 111, 1119-1144: Mechanismss of succession in natural communities and their role in community stability and organization.

Evans, G. C. (1956) J. Ecol. 44: 391-428: An area survey method to investigate the distribution of light intensity in woodlands, with particular reference to sunflecks.

Harrington, R. A., Brown, B. J., and Reigh, P. B. (1989) Oecologia 80, 356-367: Ecophysiology of exotic and native shrubs in Southern Wisconsin. I. Relationship of leaf characteristics, resource availability, and phenology to seasonal patterns of carbon gain.

Henry, J. D. and Swan, J. M. A. (1974) Ecol. 55, 772-783: Reconstructing forest

での上層と下層での葉フェノロジー—1997年—荘川村六厩における解析—.

加藤正吾・小見山章（1999）日本生態学会誌 49, 1-10：ブナ林の上層木がもたらす散光環境と下層木の分布.

英　文

Komiyama, A., Konsangchai, J., Patanaponpaiboon, P., Aksornkoae, S., & Ogino, K. (1992) TROPICS 1, 233〜242: Socio-ecosystem studies on mangrove forests — Charcoal industry and primaryproductivity of secondary stands.

Komiyama, A., Chimchome, V., & Konsangchai, J. (1992) Res. Bull. Fac. Agr. Gifu Univ. (57), 27〜34: Dispersal patterns of mangrove propagules. —A preliminary study on *Rhizophora mucronata*—

Komiyama, A., Santien, T., Higo, M., Patanaponpaiboon, P., Kongsangchai, J., and Ogino, K. (1996) Forest Ecology & Management 81, 243-248: Microtopography, soil hardiness and survival of mangrove seedlings planted in an abandoned tin-mining area.

Komiyama, A., Santien, T., Higo, M., Patanaponpaiboon, P., Kongsangchai, J., and Ogino, K. (1996) Forest Ecology & Management 81, 243-248: Microtopography, soil hardiness and survival of mangrove seedlings planted in an abandoned tin-mining area.

Sumida A. & Komiyama A. (1997) Annals of Botany 80, 759-766: Crown spread patterns for five deciduous broad-leaved woody species: Ecological significance of the retention patterns of larger branches.

Komiyama, A., Tanapeampool, P., Havanond, S., Maknual, C., Patanaponpaiboon, P., Sumida, A., Ohnishi, T., and Kato, S (1998) Forest Ecology and Management 112, 227-231: Mortality of cut pieces of viviparous mangrove (*Rhizophora apiculata* and *R. mucronata*) seedlings in the field condition.

Ohnishi, T. & Komiyama A. (1998) Forest Ecology and Management 102, 173-178: Shoot and root formation on cut-pieces of viviparous seedlings of a mangrove, Kandelia candel (L.) Druce.

Komiyama A., Jintana, V., Kaimook, M., Tanapeampool, P., Havanond, S., Yamada, M., Ohnishi, T., Kato, S., 6 Sumida, A. (1998) Chubu For. Res. 46, 115-116: Dispersal pattern of mangrove viviparous seedlings by water current —Basic concept of the tidal model—.

参考文献

著者関係分（年代順）

和　文

小見山章・安藤辰夫・小野章（1981）岐阜大農研報（45）：307〜321：御岳山亜高山帯天然林の動態（II）―上層木の枯死状況―.

小見山章・田口剛・石川達芳（1984）95回日林論，381〜382：御岳山亜高山帯天然林の動態（X）―航空写真判読による林冠の再生過程の解析―.

小見山章（1985）荘川広葉樹総合試験林報告1，10〜19：天然林の生長・更新試験林.

小見山章・早川敬純・石川達芳（1986）97回日林論，299〜300：御岳山亜高山帯天然林の動態（XVII）―樹齢と林齢の分布―.

小見山章・井上昭二・石川達芳（1987）日林誌69，379〜385：落葉広葉樹25種の肥大生長の季節性に関する樹種特性.

小見山章（1987）岐阜大農研報52，325〜336：御岳山亜高山帯天然林の動態（XVIII）―林内稚樹の幹形と年齢推定法の問題点―.

市河三英・小見山章（1988）日林誌70，337〜343：御岳山亜高山帯常緑針葉樹林における稚樹個体群密度の年次変動.

小見山章（1989）日林誌71，74〜79：落葉広葉樹林の樹齢構成とその再生過程.

小見山章（1990）38回中部支部講演集，51〜52：荘川試験林における落葉広葉樹の伐根萌芽.

小見山章（1991）日林誌73，409〜418：落葉広葉樹の幹肥大成長の開始・休止時期と着葉期間の相互関係，およびそれらに関係する環境要因.

小見山章（1993）日林論104，571-572：落葉広葉樹二次林における樹種別現存量の変化.

戸田清佐・小見山章・肥後睦輝・二宮生夫（1995）日林誌77，289-296：落葉広葉樹混生林を構成する樹種の肥大成長特性.

横井秀一・古森隆・水谷嘉宏・小見山章（1997）中部森林研究45，255〜258：広葉樹皆伐跡地に再生した群落の構造と構成種の特性.

谷津繁芳・小見山章（1998）中部森林研究46，113〜114：皆伐跡地におけるヌルデの衰退と食葉性昆虫.

加藤正吾・山本美香・小見山章（1999）森林立地41，39〜44：落葉広葉樹林

［人名索引］

索　引

［事項索引］

小見山　章（こみやま　あきら）
岐阜大学農学部生物資源生産学科森林生態学教室教授．農学博士．
1951年　京都市生まれ．
1980年　京都大学大学院農学研究科博士後期課程退学．
同　年　岐阜大学農学部に赴任し，現在にまで至る．
専　門　森林生態学および造林学．
主　著　『岐阜から生物資源を考える』（1997年，編著，岐阜大学）他．

森の記憶
──飛驒・荘川村六厩の森林史　　生態学ライブラリー 5

2000（平成12）年3月20日　初版第一刷発行

著　者　小見山　章
発行者　佐藤文隆
発行所　京都大学学術出版会
京都市左京区吉田本町
京都大学構内（606-8501）
電　話　075 761 6182
FAX　075-761-6190
振　替　01000-8-64677
印刷・製本　株式会社クイックス

ISBN4-87698-305-4

Printed in Japan
定価はカバーに表示してあります

生態学ライブラリー・第Ⅰ期（白抜きは既刊、＊は次回配本）

❶ カワムツの夏——ある雑魚の生態　片野　修
❷ サルのことば——比較行動学からみた言語の進化　小田　亮
❸ ミクロの社会生態学——ダニから動物社会を考える　齋藤　裕
❹ 食べる速さの生態学——サルたちの採食戦略　中川尚史
❺ 森の記憶——飛驒・荘川村六厩の森林史　小見山章
❻「知恵」はどう伝わるか——ニホンザルの親から子へ渡るもの　田中伊知郎
❼ たちまわるサル——チベットモンキーの社会的知能　小川秀司
⑧ オサムシの春夏秋冬——季節適応の進化と分布拡大　曽田貞滋
⑨ 土壌動物の生態学——生物圏を支える分解者たち　武田博清
⑩ 雪渓の生態学——大雪山のお花畑が語ること　工藤　岳
⑪＊ 干潟の生態学——砂と泥に生きる動物たち　和田恵次
⑫ 離合集散の生態学——カメムシ類の適応戦略　藤崎憲治